综合布线技术实训教程

王 伟 王 宇 ■ 主 编

清华大学出版社
北京

内 容 简 介

本书主要内容为综合布线技术的理论和各类实训，实训包含实训目的、实训要求、实训步骤等。书中基础理论部分以熟悉和理解学习内容为主要要求，突出"轻理论要求"；书中基本操作技能部分以项目实训为抓手，重点强调实践操作中的施工工艺、施工方法、施工细节等具体事项。本书旨在全面培养学生的实际动手能力和分析、解决问题的能力，实现高等职业技能型人才的技能培养目标。

本书既可作为高等职业院校综合布线相关课程的教材，也可供智能建筑等相关专业人员自学。

本书封面贴有清华大学出版社防伪标签，无标签者不得销售。
版权所有，侵权必究。举报: 010-62782989, beiqinquan@tup.tsinghua.edu.cn。

图书在版编目(CIP)数据

综合布线技术实训教程／王伟，王宇主编. -- 北京：清华大学出版社，2025.1
ISBN 978-7-302-65171-0

Ⅰ.①综… Ⅱ.①王…②王… Ⅲ.①计算机网络－布线 Ⅳ.①TP393.03

中国国家版本馆CIP数据核字(2024)第033294号

责任编辑：刘翰鹏
封面设计：曹　来
责任校对：李　梅
责任印制：刘　菲

出版发行：清华大学出版社
网　　址：https://www.tup.com.cn, https://www.wqxuetang.com
地　　址：北京清华大学学研大厦A座　　邮　编：100084
社 总 机：010-83470000　　邮　购：010-62786544
投稿与读者服务：010-62776969, c-service@tup.tsinghua.edu.cn
质量反馈：010-62772015, zhiliang@tup.tsinghua.edu.cn
课件下载：https://www.tup.com.cn, 010-83470410

印 装 者：小森印刷霸州有限公司
经　　销：全国新华书店
开　　本：185mm×260mm　　印　张：11.5　　字　数：267千字
版　　次：2025年1月第1版　　印　次：2025年1月第1次印刷
定　　价：39.00元

产品编号：104337-01

前　　言

党的二十大报告提出"统筹职业教育、高等教育、继续教育协同创新",为今后职业教育构建新发展格局、高质量发展奠定了基础并指明了方向。职业教育要坚持党的领导,坚持正确办学方向,坚持立德树人,紧密结合技术变革和产业升级需要,深化产教融合、校企合作,深化"三教"改革,为现代化建设培养更多德才兼备的技术技能型人才。

综合布线技术是信息技术发展到一定阶段的结果,是计算机网络技术、通信技术和建筑技术相结合的技术,自诞生起,迅速得到了广泛应用并不断发展。为了更好地学习综合布线技术并获取相应的技能,我们与北京清大易训科技有限公司联合撰写了这本校企合作教材,以工作手册实训项目的形式合理规划教学内容,将职业岗位典型工作过程纳入教材,与岗位职业能力对接,注重学生实践操作动手能力,完全符合培养高职类高技能、高素质人才的需要。

本书的实训项目以北京清大易训科技有限公司生产的清华易训系列实训设备器材为实训操作平台,详细讲解了综合布线技术基础知识、综合布线系统工程项目建设、综合布线系统工程实训基础、双绞线电缆布线系统实训、光纤布线系统实训、综合布线系统工程测试与验收实训等。全书包括大量操作性内容,建议通过实训项目开展教学。

本书定位为讲解综合布线技术的实用教材,专业适用面广,适合作为高等职业院校综合布线相关课程的教材,也可供智能建筑等相关专业人员自学,各高校可以根据各自的人才培养方案适当删减教学内容。

本书由安徽水利水电职业技术学院编写团队王伟、张志红、王鑫和北京清大易训科技有限公司编写团队王宇、张五红、王虎合作完成。由王伟、王宇任主编,负责对本书的编写思路、内容等进行总体策划,完成对全书的统稿工作;张五红、张志红、王鑫、王虎参与编写。其中,第 1 章由张志红编写,第 2 章、第 3 章由王伟编写,第 4 章由王宇编写,第 5 章由王鑫、王虎编写,第 6 章由张五红编写。本书合作企业北京清大易训科技有限公司提供了实训项目案例,并进行了审稿。

限于编者水平,书中难免有不足之处,恳请广大读者提出批评和建议,以便进一步完善。

编　者

2024 年 8 月

目　　录

第 1 章　综合布线技术概述 ……………………………………………………………… 1
1.1　综合布线技术定义与智能建筑 ………………………………………………… 1
1.1.1　综合布线系统定义 ……………………………………………………… 1
1.1.2　智能建筑 ………………………………………………………………… 1
1.2　综合布线系统的常用术语和组成 ……………………………………………… 3
1.2.1　综合布线系统的常用术语 ……………………………………………… 3
1.2.2　综合布线系统的组成 …………………………………………………… 5
1.3　综合布线技术标准 ……………………………………………………………… 7
1.3.1　国外的综合布线技术标准 ……………………………………………… 7
1.3.2　我国的综合布线技术标准 ……………………………………………… 8
1.4　综合布线系统工程的设备器材 ………………………………………………… 9
1.4.1　综合布线系统工程的线缆 ……………………………………………… 9
1.4.2　综合布线系统的连接器件 ……………………………………………… 12
1.4.3　综合布线系统的常用设备器材 ………………………………………… 14
1.4.4　常用布线工具 …………………………………………………………… 16
本章小结 ……………………………………………………………………………… 16
习题 …………………………………………………………………………………… 16
实践作业 1：综合布线系统工程认识 ……………………………………………… 17

第 2 章　综合布线系统工程项目建设 …………………………………………………… 19
2.1　综合布线系统工程设计 ………………………………………………………… 19
2.1.1　综合布线系统工程设计等级 …………………………………………… 19
2.1.2　综合布线系统工程设计原则与步骤 …………………………………… 20
2.1.3　综合布线系统工程配置设计 …………………………………………… 21
2.1.4　综合布线系统接地与防火设计 ………………………………………… 27
2.2　综合布线系统工程施工 ………………………………………………………… 28
2.2.1　工前管理 ………………………………………………………………… 28
2.2.2　工程施工 ………………………………………………………………… 31
2.3　工程测试 ………………………………………………………………………… 35
2.3.1　测试对象 ………………………………………………………………… 35

    2.3.2 测试内容 …… 38
    2.3.3 测试仪器及其使用 …… 39
    2.3.4 综合布线工程电气测试 …… 41
  2.4 工程验收 …… 42
    2.4.1 基本概念 …… 42
    2.4.2 工程验收检验项目内容与要求 …… 43
    2.4.3 工程验收的检验过程 …… 45
    2.4.4 工程电气测试 …… 50
  本章小结 …… 51
  习题 …… 51
  实践作业 2：综合布线系统工程设计基础 …… 53
  实践作业 3：综合布线系统工程施工基础 …… 55

第 3 章 综合布线系统工程实训基础 …… 57
  3.1 设备与材料认识实训 …… 57
  3.2 综合布线系统工程设计实训 …… 58
    3.2.1 工作区子系统实训 …… 58
    3.2.2 水平子系统实训 …… 59
    3.2.3 垂直子系统实训 …… 60
    3.2.4 管理间子系统实训 …… 62
    3.2.5 设备间子系统实训 …… 63
    3.2.6 建筑群子系统实训 …… 65
  3.3 综合布线系统工程施工实训 …… 66
    3.3.1 常用施工工具的使用 …… 66
    3.3.2 线槽、线管的施工 …… 66
    3.3.3 线缆施工 …… 69
    3.3.4 双绞线电缆端接实训 …… 72
    3.3.5 信息模块的端接实训 …… 74
    3.3.6 RJ45 配线架的端接实训 …… 74
    3.3.7 光纤端接与交连实训 …… 75
  3.4 布线链路测试实训 …… 77
  3.5 工程技术文档编制实训 …… 80
  3.6 综合布线工程验收实训 …… 83
  本章小结 …… 84
  习题 …… 84
  实践作业 4：综合布线系统工程设备与材料认知 …… 85
  实践作业 5：综合布线工程设计 …… 87
  实践作业 6：综合布线工程施工操作 …… 89

实践作业 7：综合布线系统工程测试与验收操作 …………………………… 91

第 4 章　双绞线电缆布线系统实训 ………………………………………………… 93
4.1　铜缆布线系统实训 ……………………………………………………………… 93
　　4.1.1　网络机架和设备安装实训 ……………………………………………… 93
　　4.1.2　双绞线线缆端接故障演示测试实训 …………………………………… 95
　　4.1.3　RJ45 连接器压接和标准跳线制作实训 ……………………………… 97
　　4.1.4　网络信息模块和电话模块压接实训 …………………………………… 99
　　4.1.5　110 型通信跳线架压接实训 ………………………………………… 102
　　4.1.6　网络配线架和 110 型通信跳线架组合压接实训 …………………… 103
4.2　双绞线电缆链路测试实训 …………………………………………………… 105
　　4.2.1　基本永久链路实训 …………………………………………………… 105
　　4.2.2　复杂永久链路测试实训 ……………………………………………… 106
4.3　大对数电缆 110 型配线架配线实训 ………………………………………… 108
　　4.3.1　大对数电缆概述 ……………………………………………………… 108
　　4.3.2　110 型语音配线架的安装与配线 …………………………………… 109
本章小结 ………………………………………………………………………………… 112
习题 ……………………………………………………………………………………… 112
实践作业 8：双绞线电缆操作 ………………………………………………………… 113
实践作业 9：110 型配线架安装与 25 对大对数电缆端接 ………………………… 115

第 5 章　光纤布线系统实训 ………………………………………………………… 117
5.1　光纤链路搭建端接与测试实训 ……………………………………………… 117
5.2　光纤熔接与光纤配线架安装实训 …………………………………………… 119
　　5.2.1　光纤熔接实训 ………………………………………………………… 120
　　5.2.2　光纤配线架安装 ……………………………………………………… 123
5.3　光纤冷接实训 ………………………………………………………………… 127
　　5.3.1　光纤快速冷接实训 …………………………………………………… 127
　　5.3.2　光纤入户冷接实训 …………………………………………………… 129
本章小结 ………………………………………………………………………………… 132
习题 ……………………………………………………………………………………… 132
实践作业 10：光纤配线架安装及盘纤操作 ………………………………………… 133
实践作业 11：光纤冷接操作 ………………………………………………………… 135

第 6 章　综合布线系统工程测试与验收实训 …………………………………… 137
6.1　综合布线系统工程测试实训 ………………………………………………… 137
　　6.1.1　标准网络机架和设备安装实训 ……………………………………… 137
　　6.1.2　RJ45 头压接和标准跳线制作实训 ………………………………… 140
　　6.1.3　网络信息模块和电话模块压接实训 ………………………………… 143

6.1.4 双绞线接线图测试实训 ·············· 146
6.1.5 基本永久链路实训 ·············· 148
6.1.6 复杂永久链路实训 ·············· 150
6.1.7 110型通信跳线架压接实训 ·············· 153
6.1.8 RJ45配线架压接实训 ·············· 155
6.1.9 110型跳线架与RJ45配线架组合压接实训 ·············· 157
6.1.10 多模光纤跳线端接测试实训 ·············· 159
6.1.11 单模光纤跳线端接测试实训 ·············· 161
6.2 综合布线系统工程验收实训 ·············· 163
本章小结 ·············· 166
习题 ·············· 166
实践作业12：综合布线工程测试操作 ·············· 167
实践作业13：综合布线系统工程验收 ·············· 169

附录A 符号与缩略词 ·············· 171

附录B 综合布线工程管理系统验收内容 ·············· 172

参考文献 ·············· 174

第 1 章 综合布线技术概述

> **学习目标：**
> (1) 了解综合布线技术与智能建筑的关系。
> (2) 掌握综合布线系统的组成。
> (3) 掌握综合布线技术标准。

自 1946 年 ENIAC(electronic numerical integrator and compute)诞生后，人类社会进入了计算机时代，20 世纪 50 年代后，计算机网络技术应运而生，随着 20 世纪 70 年代微型计算机及计算机局域网的出现，计算机技术与其他学科的交叉学科不断出现，其中，综合布线技术就是其中的一种。综合布线技术由计算机技术、通信技术、建筑技术等互相结合而成。

1984 年，世界上第一座智能大厦在美国康涅狄格州的哈特福德市建成。通过对一座旧式大楼进行改造，对这座大楼的空调、电梯、照明以及防盗等设备都采用了计算机进行监控，开设了语音通信、文字处理、电子邮件和资料检索等各种信息服务，并且各类信息服务共用一套电缆布线系统，该大厦的建成标志着智能建筑与综合布线技术的诞生。

1.1 综合布线技术定义与智能建筑

1.1.1 综合布线系统定义

综合布线系统是指以综合布线技术为基础，按照标准的、统一的结构化方式编制和布置不同建筑物(建筑群)内的各种信息应用系统的通信线路，为各种信息系统提供信息传输物理通路的布线系统。

建筑物(建筑群)内的各种信息应用系统包括计算机网络系统、语音传输系统、视频传输系统、监控系统、电源系统等。

综合布线系统是一个用于语音、文字、图像、视频等多种媒体信息传输的标准的、结构化的布线系统，即使用一个布线系统可供多种信息系统传输信息，有着传统单一布线系统不可相比的优势。

综合布线技术是信息技术发展到一定阶段的产物，是计算机网络技术、通信技术和建筑技术相结合的产物。自诞生起，迅速得到了广泛应用并得到不断发展，经历了从无到有，从简单到复杂，从无序到标准化的发展历程。

1.1.2 智能建筑

智能建筑(intelligent building,IB)是计算机网络技术、建筑技术、通信和监控技术等先进技术相互融合并集成为整体优化的建筑物，具有投资合理、高度自控、信息服务丰富高效、使用灵活方便和环境安全舒适等特点，是适应信息化社会发展需要的现代化新型建筑。我国的第一座智能大楼是位于广州的广东国际大厦。

1. 智能建筑的定义

智能建筑是传统建筑物信息化的产物，在我国主要从智能建筑具备的功能方面进行定义，即建筑物具备通信自动化（communication automation，CA）、办公自动化（office automation，OA）和建筑物自动化（building automation，BA）的功能，通常称为"3A"建筑。

智能建筑一般由土木建筑物、楼宇内各信息系统、智能化设备与管理系统及综合布线系统等组成。其最终目标是实现系统集成，即将建筑物中用于网络通信、信息传输、楼宇自控、安防监控及物业管理等有机结合在一起，通过综合布线系统进行信息传输。

2. 智能建筑的分类

智能建筑从诞生以来，已有大量建筑物具备智能建筑的功能，这些建筑物规模各异，用途多样。通常根据智能建筑的规模大小，分为以下几种类型。

（1）智能家居。智能家居（smart home，home automation）是以家庭住宅为平台，利用综合布线技术、通信技术、安防技术、自控技术等将与家居生活有关的设备（设施）集成在一起，构建高效的设备（设施）与家庭事务管理系统，具有安全性、便利性、舒适性、艺术性，并实现环保节能的目标。

智能家居是智能建筑的基本单位，通过综合布线系统将住宅内的各类信息设备与设施相互连接，进行集中或异地的家居事务管理与监控管理，提升家居生活品质。

（2）智能大厦。智能建筑又称为智能大厦，是指单栋建筑物具备"3A"功能、可自由高效地利用最新发展的各种信息通信设备、具备更自动化的高度综合性管理功能的建筑物。

随着智能建筑的发展，建筑物的功能种类不断丰富，在"3A"的基础上，还有"5A"智能建筑的概念。"5A"智能建筑是指在"3A"智能建筑的基础上，强调火灾报警及自动灭火系统，形成消防自动化系统（FA），同时又将面向整个楼宇的管理自动化系统独立出来称为信息管理自动化系统（MA）。

（3）智能小区。智能小区（intelligent residential district）也称为智能社区，是指在一个相对独立的地理区域、统一管理、特征相似的建筑物楼宇群。该建筑群内的建筑物均具备智能建筑的功能并且能够相互沟通，实现集中管理。

智能小区是对现代建筑物通过计算机技术、通信技术、安防控制等技术的应用，把物业管理、安防、通信等系统集成在一起，并通过综合布线系统进行信息传输，为小区住户提供一个安全、舒适、便利的现代生活环境。

（4）智能城市。智能城市（intelligent city）也称为网络城市、数字化城市、信息城市，是以效率、和谐、持续为基本坐标，以物理设备、计算机网络、人脑智慧为基本框架，以智能政府、智能经济、智能社会为基本内容的经济结构、增长方式和城市形态。

在智能城市体系中，首先是由智能城市管理系统辅助管理城市，实现城市管理智能化，其次是智能交通、智能电力、智能建筑、智能安全等基础设施智能化，最后是智能医疗、智能家庭、智能教育等社会智能化和智能企业、智能银行、智能商店的生产智能化，从而全面提升城市生产、管理、运行的现代化水平。

(5)智能国家。智能国家是在智能城市的基础上,通过对基础设施建设、产业发展与人才培养,利用资讯通信产业进行经济部门转型,将各自的城际网升级到广域网,地域覆盖全国,从而可以方便地在全国范围内进行远程作业、远程会议、远程办公。同时利用Internet手段与全世界进行沟通,实现信息交流。

1.2 综合布线系统的常用术语和组成

1.2.1 综合布线系统的常用术语

1. 布线

布线(cabling)是布线系统的简称,是指由能够支持电子信息设备相连的各种缆线、跳线、接插软线和连接器件组成的系统。

2. 建筑群子系统

建筑群子系统(campus subsystem)又称为楼宇布线子系统,由配线设备、建筑物之间的干线电缆或光缆、设备缆线、跳线等组成的系统。

3. 电信间

电信间(telecommunications room)又称为交接间或管理间,用于放置电信设备、电缆和光缆终端配线设备并进行缆线交接的专用空间。

4. 工作区

工作区(work area)是需要设置终端设备的独立区域。

5. 信道

信道(channel)是连接两个应用设备端到端的传输通道。信道包括设备电缆、设备光缆和工作区电缆、工作区光缆。

6. 楼层配线设备

楼层配线设备(floor distributor,FD)是终接水平电缆或水平光缆和其他布线子系统缆线的配线设备。

7. 建筑物配线设备

建筑物配线设备(building distributor,BD)是建筑物主干缆线或建筑群主干缆线终接的配线设备。

8. 建筑群配线设备

建筑群配线设备(campus distributor,CD)是终接建筑群主干缆线的配线设备。

9. 集合点

集合点(consolidation point,CP)是楼层配线设备与工作区信息点之间水平缆线路由中的连接点。

10. 信息点

信息点(telecommunications outlet,TO)是各类电缆或光缆终接的信息插座模块。

11. CP 链路

CP 链路(CP link)是楼层配线设备与集合点(CP)之间,包括各端的连接器件在内的永久性的链路。

12. 永久链路

永久链路(permanent link)是信息点与楼层配线设备之间的传输线路。它不包括工作区缆线和连接楼层配线设备的设备缆线、跳线,但可以包括一个 CP 链路。

13. 链路

链路(link)是一条 CP 链路或一条永久链路。

14. 连接器件

连接器件(connecting hardware)是用于连接电缆线对和光纤的一个器件或一组器件。

15. 建筑物入口设施

建筑物入口设施(building entrance facility)是提供符合相关规范机械与电气特性的连接器件,可将外部网络电缆和光缆引入建筑物内。

16. 光纤适配器

光纤适配器(optical fibre connector)是将两对或一对光纤连接器件进行连接的器件。

17. 建筑群主干电缆

建筑群主干光缆(campus backbone cable)是用于在建筑群内连接建筑群配线架与建筑物配线架的电缆、光缆。

18. 建筑物主干缆线

建筑物主干缆线(building backbone cable)是连接建筑物配线设备至楼层配线设备及建筑物内楼层配线设备之间相连接的缆线。建筑物主干缆线可为主干电缆和主干光缆。

19. 水平缆线

水平缆线(horizontal cable)是楼层配线设备到信息点之间的连接缆线。

20. CP 缆线

CP 缆线(CP cable)是连接集合点(CP)至工作区信息点的缆线。

21. 永久水平缆线

永久水平缆线(fixed horizontal cable)是楼层配线设备到 CP 点的连接缆线,如果链路中不存在 CP 点,则为直接连至信息点的连接缆线。

22. 设备电缆

设备光缆(equipment cable)通信设备连接到配线设备的电缆、光缆。

23. 跳线

跳线(jumper)是不带连接器件或带连接器件的电缆线对与带连接器件的光纤,用于配线设备之间进行连接。

24. 缆线

缆线(cable)包括电缆、光缆,在一个总的护套里,由一个或多个同类型的缆线线对组成,并可包括一个总的屏蔽物。

25. 光缆

光缆(optical cable)是由单芯或多芯光纤构成的缆线。

26. 电缆、光缆单元

电缆、光缆单元(cable unit)是型号和类别相同的电缆线对或光纤的组合,电缆线对可有屏蔽物。

27. 线对

线对(pair)是平衡传输线路的两个导体,一般指对绞线对。

28. 平衡电缆

平衡电缆(balanced cable)是由一个或多个金属导体线对组成的对称电缆。

29. 屏蔽平衡电缆

屏蔽平衡电缆(screened balanced cable)是带有总屏蔽物或每个线对均有屏蔽物的平衡电缆。

30. 非屏蔽平衡电缆

非屏蔽平衡电缆(unscreened balanced cable)是不带任何屏蔽物的平衡电缆。

31. 接插软线

接插软线(patch calld)是一端或两端带有连接器件的软电缆或软光缆。

32. 多用户信息插座

多用户信息插座(multi-user telecommunications outlet)是某处若干信息插座模块的组合。

33. 交接

交接的全称为交叉连接(cross-connect),是配线设备和信息通信设备之间采用接插软线或跳线上的连接器件相连的一种连接方式。

34. 互连

互连(interconnect)是不用接插软线或跳线,使用连接器件把一端的电缆、光缆与另一端的电缆、光缆直接相连的一种连接方式。

1.2.2 综合布线系统的组成

1. 工作区

工作区子系统是指从设备出线到信息插座的整个区域,即一个独立的、需要设置终端的区域为一个工作区。工作区子系统的组成如图1-1所示。

工作区由从配线子系统而来的用户信息插座延伸至数据终端设备的连接线缆和适配器组成。工作区的服务面积为 $5\sim10\text{m}^2$ 的范围。

2. 配线子系统

配线子系统又称为水平子系统,由从工作区的信息插座至电信间楼层配线设备(FD)的配线电缆和光缆、电信间的配线设备和跳线等组成。配线子系统的组成如图1-2所示。

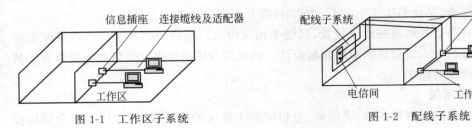

图 1-1 工作区子系统

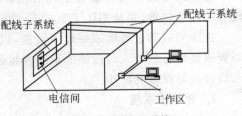

图 1-2 配线子系统

配线子系统是整个综合布线工程中线缆使用最多、施工工程量最大的布线子系统，常用的线缆是 4 对 UTP（非屏蔽双绞线），如果有电磁场干扰或信息保密要求时可使用 STP（屏蔽双绞线）。

3. 干线子系统

干线子系统由设备间至电信间的干线电缆和光缆、安装在设备间的建筑物配线设备（BD）及设备缆线和跳线等组成，干线子系统的组成如图 1-3 所示。

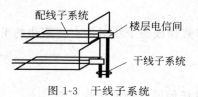

图 1-3　干线子系统

干线子系统的常用线缆包括普通 4 对双绞线电缆、大对数双绞线电缆和光缆。干线电缆的两端分别端接在设备间的建筑物配线设备和楼层电信间的楼层配线设备上，干线电缆的规格和数量由每个楼层所连接的终端设备类型及数量决定。干线子系统一般采用垂直路由，干线线缆沿着垂直竖井或电缆孔布放。

4. 建筑群子系统

建筑群子系统又称为楼宇子系统，是由连接多个建筑物之间的主干电缆和光缆、建筑群配线设备（CD）和设备缆线及跳线组成。建筑群子系统的组成如图 1-4 所示。

建筑群子系统提供了建筑群之间通信所需的硬件，包括电缆、光缆以及防止电缆上的浪涌电压进入建筑物的电气保护设备。常使用大对数电缆和室外光缆作为传输介质。

5. 设备间子系统

设备间是在建筑物的适当地点进行网络管理和信息交换的场地，又称为网络中心机房。在综合布线系统工程设计中，设备间主要用于安装建筑物配线设备。

设备间的主要设备有数字程控交换机、计算机网络设备、服务器、楼宇自控设备主机等。它们可以放置在一起，也可分别放置。

设备间子系统由设备间内安装的电缆、连接器和有关的支撑硬件组成，如图 1-5 所示。

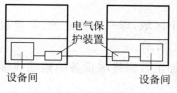

图 1-4　建筑群子系统

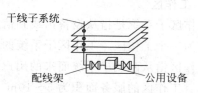

图 1-5　设备间子系统

6. 进线间子系统

进线间是建筑物外部通信和信息管线的入口部位，并可作为入口设施和建筑群配线设备的安装场地，是从 GB/T 50311—2007 标准开始划分出来的子系统。

进线间宜靠近外墙或在地下设置，以便于缆线引入。进线间的大小应按进线间的进局管道最终容量及入口设施的最终容量设计。同时应考虑满足多家电信业务经营者安装入口设施等设备的面积。

7. 管理子系统

管理子系统主要对设备间、进线间、电信间和工作区的配线设备、缆线和信息插座模块等设施按一定的模式进行标识和记录。

管理子系统是综合布线系统区别于传统布线系统的一个重要方面,更是综合布线系统灵活性、可管理性的集中体现。

按照 GB/T 50311—2007/GB/T 50311—2016(综合布线系统工程设计规范)的要求,综合布线系统划分为 7 大子系统,各子系统在建筑物中大致所处的位置及相互之间的连接关系如图 1-6 所示。

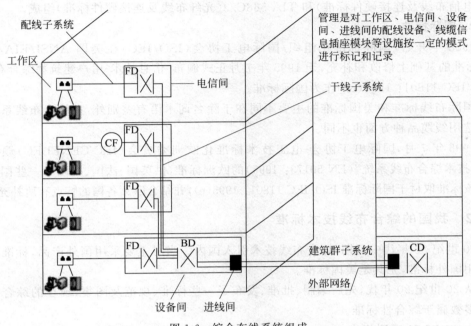

图 1-6 综合布线系统组成

1.3 综合布线技术标准

ANSI/EIA/TIA(美国国家标准学会/电子工业协会/美国电信工业协会)从 1985 年初开始编制"商业建筑电信布线标准(ANSI/EIA/TIA 568)"。

1991 年 7 月,ANSI/EIA/TIA 568 标准第一版正式发布,同时发布了"商业建筑物电信布线通道及空间标准"(ANSI/EIA/TIA 569),此标准成为综合布线技术的奠基性标准。

1.3.1 国外的综合布线技术标准

1. 美国标准

1995 年 8 月,"商业建筑电信布线标准(ANSI/EIA/TIA 568)"和"商业建筑物电信布线通道及空间标准"(ANSI/EIA/TIA 569)经过改进,正式修订为 ANSI/EIA/TIA 568A 标准,该标准是一个以 5 类电缆及其连接器件实现商业建筑物电信布线的标准。标准发布后,先后对该标准进行了 5 次增编,涉及 100Ω4 对电缆、62.5/125μm 光纤、100Ω4 对超 5 类电缆及 Next 损耗测试等方面的内容。

2000 年,ANSI/EIA/TIA 568B 标准正式发布并在随后进行了相应的增编,该标准包括:

ANSI/EIA/TIA 568B.1-2001(商业建筑电信布线标准第一部分)、ANSI/EIA/TIA 568B.2-2001(商业建筑电信布线标准第二部分)、ANSI/EIA/TIA 568B.2-1-2002、ANSI/EIA/TIA 568B.3-2000(商业建筑电信布线标准第三部分)。

2008年8月,TIA(美国电信工业协会)推出了 TIA 568C 标准。该标准由 TIA 568C.0(用户建筑物通信布线标准)、TIA 568C.1(商业建筑电信布线标准)、TIA 568C.2(平衡双绞线电信布线及连接硬件标准)和 TIA 568C.3(光纤布线及连接硬件标准)组成。

2. 国际标准

1988年开始,国际标准化组织/国际电工协会(ISO/IEC)在美国 ANSI/EIA/TIA 568 标准的基础上修改和补充,于1995年7月正式颁布"信息技术-用户建筑物综合布线"[ISO/IEC 11801:1995(e)]作为国际标准。

国际布线标准和美国标准的主要不同在于除名词术语有差别外,在综合布线系统组成和选用线缆品种方面也不同。

1995年7月,国际电工协会-电工技术标准化欧洲委员会(IEC-CENELEC)颁布了"信息技术综合布线系统"(EN 50173:1995)的欧洲标准,供英国、法国、德国等一些国家使用。该标准取材于国际标准 ISO/IEC 11801:1995(e),并结合欧洲各国的特点有所补充。

1.3.2 我国的综合布线技术标准

20世纪80年代中后期,综合布线技术引入国内。当时主要采用国外产品,标准也主要采用国外标准,尤其是美国标准。

从20世纪90年代,先后编制、批准、发布了一些标准、规范及图集,现在的综合布线标准多数属于综合性标准。

1. CECS 72 系列标准

1995年3月,中国工程建设标准化协会批准发布了《建筑与建筑群综合布线系统工程设计规范》(CECE 72:95),该标准主要参考了 ANSI/EIA/TIA 568 标准,这是我国第一部关于综合布线工程的设计规范,属于协会标准。

经过实践和经验总结,1997年,中国工程建设标准化协会颁布了新版的《建筑与建筑群综合布线系统工程设计规范》(CECE 72:97)和《建筑与建筑群综合布线系统工程施工及验收规范》(CECE 89:97)。上述标准积极采用了国外先进经验与技术,与 ISO/IEC 11801:1995(e)标准相接轨,达到同期国际水平,对于指导国内布线工程、网络工程建设具有重大意义。

2. YD/T 926 系列标准

1997年9月,通信行业标准 YD/T 926《大楼通信综合布线系统》正式发布,该标准包括 YD/T 926.1—1997(总规范)、YD/T 926.2—1997(综合布线系统电缆、光缆技术规范)和 YD/T 926.3—1998(综合布线系统连接硬件技术规范)。

2001年,信息产业部发布了中华人民共和国通信行业标准 YD/T 926《大楼通信综合布线系统(第二版)》,该标准与最新国际标准接轨,并在部分性能上较国际标准更高,同时,对接入公用网的通信综合布线系统提出了基本要求。

3. GB/T 50311/50312 系列标准

2000年,信息产业部批准发布了 GB/T 50311—2000《建筑与建筑群综合布线系统工程设计规范》和 GB/T 50312—2000《建筑与建筑群综合布线系统工程验收规范》。上述标准属于推荐性国家标准，由通信行业标准 YD/T 926—1997《大楼通信综合布线系统》升级而来，增编了一部分技术细节，与 YD/T 926 保持兼容。

2007 年 4 月，建设部正式发布了 GB/T 50311—2007《综合布线系统工程设计规范》和 GB/T 50312—2007《综合布线系统工程验收规范》。与之前的标准相比，新标准属于强制性国家标准，在综合布线系统结构上，新标准将系统结构划分为 7 个子系统，新增了进线间子系统，以适应建筑物功能多样化及信息化建设的需要。

2017 年 8 月，住房城乡建设部发布了国家标准 GB/T 50311—2016《综合布线系统工程设计规范》和 GB/T 50312—2016《综合布线系统工程验收规范》，这是目前我国关于综合布线技术的最新标准。

GB/T 50311—2016《综合布线系统工程设计规范》在 GB/T 50311—2007《综合布线系统工程设计规范》的内容基础上，对建筑与建筑群综合布线系统及通信基础设施工程的设计要求进行了补充与完善，增加了布线系统在弱电系统中的应用相关内容以及光纤到用户单元通信设施工程的设计要求，并新增了有关光纤到用户单元通信设施工程建设的强制性条文，丰富了管槽系统和设备器材的安装工艺要求，增加了相关附录内容。

1.4 综合布线系统工程的设备器材

综合布线系统工程建设所需的硬件材料主要分为布线线缆、连接器件和相关设备器材三大类。

1.4.1 综合布线系统工程的线缆

综合布线系统中常用的布线线缆包括双绞线电缆和光纤/光缆两大类。通常，双绞线电缆（以下简称双绞线）用于工作区、配线子系统布线，光纤/光缆用于建筑群、干线子系统布线。

1. 双绞线

双绞线是综合布线系统工程中最常用的一类传输介质，自 20 世纪 90 年代以来，广泛应用在各类布线工程中。在综合布线工程中，双绞线主要有普通 4 线对双绞线和大对数双绞线两种规格。其中，普通 4 线对双绞线既可传输数字信号，也可传输模拟信号，是综合布线工程中最常用的电缆。大对数双绞线由多个线对聚合而成，常用的有 25 线对、50 线对、100 线对等规格，主要用于语音布线。

1）普通 4 线对双绞线

普通 4 线对双绞线，以下简称双绞线，是以同规格的钢缆芯线两两相互绞合成线对（钢缆芯线的规格有 23 号、24 号、25 号、26 号），将 4 个线对用一个外护套封装。在封装时，外护套内可同时封装金属屏蔽层，根据有无金属屏蔽层，可将双绞线分为屏蔽双绞线（STP）和非屏蔽双绞线（UTP），如图 1-7 和图 1-8 所示。

在综合布线工程中最常用的是 UTP。STP 主要应用在有一定电磁干扰的布线环境或者信息安全保密要求较高的场合。通常不做强调时，双绞线是指 UTP。

 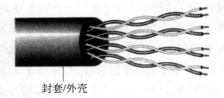

图 1-7 屏蔽双绞线　　　　　　　图 1-8 非屏蔽双绞线

根据双绞线的钢缆芯线的不同规格和线对扭绞时的不同长度,双绞线有不同的规格,并且不同规格的双绞线传输信号的频率和传输信息的速率不同。通常,UTP 有 3 类、4 类、5 类、超 5 类、6 类、超 6 类等规格,分别记作 CAT 3、CAT 4、CAT 5、CAT 5e、CAT 6、CTA 6e;STP 有 3 类、5 类、6 类、7 类等规格。同类别的 UTP 和 STP,其通信性能是相同的。

在综合布线工程中,常用的双绞线以 3 类、5 类、超 5 类、6 类 UTP 为主,具体应用为 3 类双绞线以大对数的形式用于语音布线领域,5 类双绞线多用于 100M 局域网布线,也可以大对数的形式用于语音布线领域,在计算机网络尤其是局域网布线中,现在常用的双绞线以超 5 类、6 类 UTP 为主,对应 100M 和 1000M 局域网布线。

根据我国的综合布线标准,钢缆布线系统的分级与类别见表 1-1。

表 1-1　钢缆布线系统的分级与类别

系统分级	支持带宽(Hz)	支持应用器件	
		电缆	连接器件
A	100K	—	—
B	1M	—	—
C	16M	3 类	3 类
D	100M	5/5e 类	5/5e 类
E	250M	6 类	6 类
F	600M	7 类	7 类

在综合布线工程中,双绞线的性能以指标参数的形式确定,指标参数包括接线图(wire map)、长度(length)、衰减(attenuation)、近端串音 NEXT(near end cross-talk)、综合近端串扰(power sum cross-talk,PSNEXT)、平衡等级远端串扰(equal level far end cross-talk,ELFEXT)、综合平衡等级远端串扰(power sum ELFEXT,PSELFEXT)、衰减串扰比(attenuation to cross-talk ratio,ACR)、综合衰减串扰比(power sum attenuation to cross-talk ratio,PSACR)、回波损耗(return loss)、传输时延差(delay skew)等。在评估综合布线工程质量时,最常见的操作是用测量仪器对双绞线的相关指标参数进行工程测试。

2) 25 线对大对数双绞线

25 线对大对数双绞线,通常称为 25 线对大对数电缆,是指在一个护套内封装 25 个双绞线电缆线对,根据电缆芯线的规格可分为 3 类大对数和 5 类大对数两种,常用于综合布线工程中的干线子系统语音布线。3 类大对数电缆如图 1-9 所示,5 类大对数电缆如图 1-10 所示。

图1-9　3类大对数电缆

图1-10　5类大对数电缆

25线对大对数电缆的每个线对由两种不同颜色的钢缆芯线扭绞而成。芯线颜色分为主色和辅色两类,主色顺序为白、红、黑、黄、紫;辅色顺序为蓝、橙、绿、棕、灰。在实施布线时,将电缆芯线按顺序以主色前、辅色后依次将电缆芯线卡接到110配线架,并端接110连接块。

2. 光纤/光缆

自20世纪70年代以来,光纤在通信领域得到了广泛的应用,是现代通信的基础设施。在综合布线工程领域,光纤也得到了广泛应用,通常应用在综合布线系统的建筑群子系统布线和干线子系统布线中,也可应用在配线子系统布线和全光网。

1) 光纤的分类

按照光信号在光纤中的传输模式,通常将光纤分为单模光纤和多模光纤两类。光纤的结构从内向外通常包括纤芯、涂覆层、紧套层、加强件和外护套,如图1-11所示。

单模光纤是指光信号按同一模式传输的光纤,多模光纤是指光信号以多种模式传输的光纤。通常,单模光纤的规格有 $8/125\mu m$、$10/125\mu m$,多模光纤的规格有 $50/125\mu m$、$62.5/125\mu m$,其中,$8\mu m$、$10\mu m$、$50\mu m$、$62.5\mu m$ 指的是纤芯直径,$125\mu m$ 指的是光纤外径。

单模光纤具有带宽大、传输距离远、耗散小、高效等优点,但其使用成本较高,适用于远程通信;多模光纤具有使用成本低,聚光性好等优点,但其耗散较大,传输距离较短,通常用于园区或建筑物内布线。

2) 光缆

光缆是同一规格的若干光纤通过二次挤塑绞合而成,其制造过程通常分为光纤筛选、光纤染色、二次挤塑、光缆绞合和挤光缆外护套。常用光缆结构如图1-12所示。

图1-11　光纤的结构

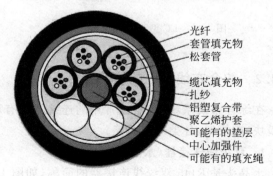
图1-12　光缆的结构

常用光缆的型号规格如下。

（1）GYTA 型光缆：室外用光缆，油膏填充，铝带纵包聚乙烯外护套，架空、管道方式布放。

（2）GYTY53 型光缆：室外用光缆，油膏填充，钢带纵包聚乙烯双护套，直埋方式布放。

（3）GYFTA53 型光缆：室外用光缆，油膏填充，钢带纵包聚乙烯内护套，非金属加强件，铝-聚乙烯外护套，直埋方式布放。

（4）GYFTY 型光缆：室外用光缆，中心管式，油膏填充夹带钢丝的钢带-聚乙烯护套，管道、架空方式布放。

（5）ADSS 型光缆：非金属加强件，松套层绞，聚乙烯内护套芳纶铠装，聚乙烯外护套，自承式架空，全介质防雷电。

3）光纤连接器

在综合布线工程中，光纤与光纤、光纤与其他设备的连接方式有永固连接和活动连接两种形式。如使用光纤熔接机进行光纤熔接，实现光纤与光纤的永固连接，使用光纤连接器实现跳线与各类设备光口的活动连接。

光纤连接器接入各类设备光口时，必须同时建立光学连接和机械连接。这种连接与铜介质网线的连接器不同，铜介质网线的连接器只要金属针接触就可以建立足够的连接，而光纤连接器则必须使网线中的光纤几乎完美地对齐在一起。

光纤连接器的种类通过结构形式和插针端面来区分。其中，光纤连接器的结构形式有 FC 型、ST 型、SC 型、LC 型，如图 1-13 所示。插针端面分为 PC 型和 APC 型。

常用光纤跳线表示为：结构形式/插针端面—结构形式/插针端面（LC/PC—LC/PC），可称为 LC—LC 光纤跳线，如图 1-14 所示。在综合布线工程中，SC、LC 型光纤连接器通常用于连接路由器、交换机等设备光口，FC、ST 型常用于连接光纤配线架的光纤耦合器端口。

图 1-13　LC 型光纤连接器　　　　　　图 1-14　LC—LC 光纤跳线

1.4.2　综合布线系统的连接器件

在综合布线系统工程中，常用的连接器件有双绞线连接器（水晶头）、光纤连接器、信息模块、配线架、各类适配器等。

1. 双绞线连接器（水晶头）

水晶头是 RJ45 双绞线连接器的简称，如图 1-15 所示，主要用于双绞线跳线的制作。在制作双绞线跳线时，一是要注意水晶头端接时的工艺要求，二是要注意水晶头的规格与所端接的双绞线规格一致。

2. 信息模块

信息模块是安装在工作区信息点的连接器件(见图1-16),与信息面板、信息底盒组成信息插座。信息模块通常分为语音模块和网络信息模块,其中网络信息模块的类型有普通(打线)模块、紧凑模块和免打模块3类。

图 1-15　水晶头　　　　　　　　图 1-16　RJ45 信息模块

信息模块用于连接水平缆线和工作区缆线。其中,工作区缆线接入信息模块的 RJ45 端口,水平缆线按信息模块两侧的线位色标分别卡接至配线侧接线卡槽内,并用打线钳固定电缆芯线、去除多余部分。

信息插座安装过程为:首先将水平缆线引入信息底盒并固定信息底盒;接着将水平缆线在信息盒内做冗余盘绕,剪去多余缆线,端接信息模块;然后将模块固定在信息面板上;最后将面板固定在信息底盒上,完成信息插座的安装。

3. 配线架

在综合布线系统工程中,常用的配线架有光纤配线架、RJ45 网络配线架和 110 型语音配线架。

光纤配线架主要安装在进线间和设备间,如图 1-17 所示,是建筑群和建筑物配线设备,用于成端建筑群光缆和干线光缆;也可根据需要安装在电信间作为楼层配线设备,用于成端干线光缆和水平光缆。

RJ45 网络配线架主要安装在电信间,用于成端干线电缆和连接水平电缆。根据其面板上 RJ45 端口的数量,常用的有 16 口、24 口、48 口等,如图 1-18 所示。

图 1-17　光纤配线架

110 型语音配线架主要安装在电信间,用于成端干线语音电缆和连接水平语音电缆。在布线实施中需要使用 110C 连接块实现电缆端接,如图 1-19 所示。

 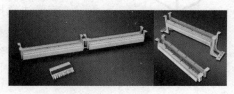

图 1-18　24 口 RJ45 网络配线架　　　图 1-19　110 型语音配线架及 110C 连接块

1.4.3 综合布线系统的常用设备器材

在综合布线系统工程建设中,除布线线缆和连接器件外,还需要各种对综合布线系统器材进行支撑保护的设备和器材,常用的设备和器材主要有网络机柜、线槽、线管、桥架等,这些设备和器材用于布线工程中的设备安装、构建布线通道。

1. 网络机柜

在综合布线系统工程中,网络机柜通常安装在设备间、电信间等专用场地,用于安装或存放路由器、交换机、显示器、配线架等设备器材。网络机柜根据外形分为立式机柜、壁挂式机柜和开放式机柜三类,如图1-20所示。

图1-20 网络机柜

网络机柜可安装容纳各种网络设备,减少各种设备所需的占地面积,简化机房的布局,整体提升机房的美观程度。同时,网络机柜的散热风扇可将机柜内设备散发的热量送出机柜外,确保设备安全稳定的运行,提高设备的安全性和稳定性。

2. 线槽

线槽简称槽,是综合布线系统工程建设中广泛使用的一种布线材料,主要为各级缆线构建布线通道,以便于各级缆线的布放。

根据材质的不同,线槽分为金属槽和塑料槽两类,其规格均由槽底和槽盖两部分组成,槽的横截面为矩形,也有槽盖为椭圆形的槽,如图1-21所示。

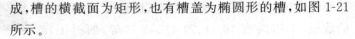

图1-21 线槽结构图

在综合布线系统工程建设中,线槽主要安装在建筑物的竖向和水平布线空间内。施工时按照施工图的要求先固定槽底,然后进行线缆的布放,最后盖好槽盖。施工前要注意槽的材质是否符合安装位置的要求。通常,在干线布线和水平布线的主干部分使用金属槽,在工作区或跳线布线时使用塑料槽,在易受到挤压、碰撞的位置使用金属槽。

3. 线管

线管简称管,在综合布线系统工程中常用于隐蔽工程和分支结构布线。根据材质分为金属管和塑料管两类。

金属管用于分支结构或暗埋的线路。金属管的规格有多种,以外径 mm 为单位,工程施工中常用的金属管有 D16、D20、D25、D32、D40、D50、D63、D25、D110 等规格;金属管还有一种软管俗称蛇皮管,供弯曲的地方使用。

塑料管分为 PE 阻燃导管和 PVC 阻燃导管。PE 阻燃导管是一种塑制半硬导管,外观为白色,有 D16、D20、D25、D32 等规格;PVC 阻燃导管以聚氯乙烯树脂为主要原料,小管径 PVC 阻燃导管在常温下可进行弯曲,管的规格按外径有 D16、D20、D25、D32、D40、D45、D63、D25、D110 等规格。

在线管内穿线比线槽布线难度更大,要注意选择稍大的管径。一般管内填充物占管容积的 30%左右,以便于穿线。

4. 桥架

桥架是综合布线工程中的一个术语,是建筑物内布线不可缺少的部分。桥架分为槽式桥架、梯级式桥架、托盘式桥架、网格桥架等结构,由支架、托臂和安装附件等组成,可以独立架设,也可以敷设在各种建(构)筑物和管廊支架上,具有结构简单、造型美观、配置灵活和维修方便等特点。

在综合布线系统工程中,国内常用的是槽式桥架如图 1-22 所示。该桥架是封闭式结构,对其内部布放的线缆有很好的保护作用,但其灵活性较差。

图 1-22 槽式桥架

梯级式桥架和托盘式桥架在综合布线工程中也经常使用,如图 1-23 和图 1-24 所示。

图 1-23 梯级式桥架　　　　　　图 1-24 托盘式桥架

1.4.4 常用布线工具

在综合布线系统工程施工中,施工工具分为电缆施工工具、光纤施工工具、管槽施工工具等种类,常用的工具有压线钳、打线钳、剥线刀、测线器、手电钻、充电起子、冲击电钻、膨胀螺钉、线卡、绑线、光纤剥离钳、光纤剪刀、光纤连接器压接钳、光纤接续子、光纤切割工具、单芯光纤熔接机等。

常用的压线钳、打线钳、光纤剥离钳、单芯光纤熔接机如图 1-25 所示。

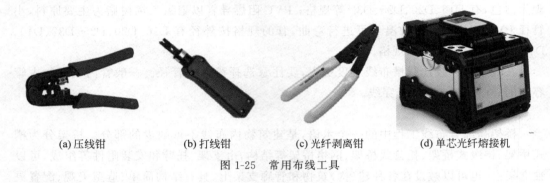

(a) 压线钳　　　　(b) 打线钳　　　　(c) 光纤剥离钳　　　　(d) 单芯光纤熔接机

图 1-25　常用布线工具

本章小结

通过本章的学习,应掌握综合布线技术的基本概念,熟悉综合布线系统的组成,掌握综合布线系统的硬件组成,熟悉各类常用的线缆和连接器件。

习　题

(1) 简述综合布线技术的发展历程与综合布线技术的发展阶段。
(2) 综合布线系统由什么组成,综合布线系统比传统布线系统的优势有哪些?
(3) 简述智能建筑的定义及应用特点。
(4) 简述常用布线材料的种类与应用范围。

实践作业1:综合布线系统工程认识

本实践以参观考察为主线,通过参观实际工程项目(以校园网、企业级局域网为代表的中小型局域网,以学校教学楼为代表的建筑物内网络布线),强化对综合布线系统工程的认识。本实践以工作小组为单位,完成以下实践内容。

(1) 认识双绞线电缆(UTP)、光缆/光纤等布线线缆。
(2) 认识网络机柜、网络配线架、语音配线架及光纤配线架等设备。
(3) 了解桥架与管槽系统等材料。

将实践过程和小结填入下表。

实践作业 1

工作小组	
工机具要求	
工作过程	
工作小结	
工作成绩	
指导教师		成绩评定	

第 2 章 综合布线系统工程项目建设

> **学习目标：**
> （1）了解综合布线系统工程项目建设中的工程设计、工程施工、工程测试和工程验收等环节。
> （2）掌握上述工程实施环节中的标准、规范、注意事项、工程细节等内容。
> （3）能够根据综合布线标准进行简单综合布线系统工程设计。
> （4）能够根据布线工程设计方案实施施工组织管理和安装施工。
> （5）能够使用测试仪器进行工程测试。
> （6）熟悉工程验收的过程和竣工文档的编制。

2.1 综合布线系统工程设计

综合布线系统工程通常作为建筑物（群）网络工程建设或弱电工程建设的子项目进行建设，其建设过程一般为项目调研、制定建设方案、工程招投标、签订工程合同、工程施工和工程验收等环节。

综合布线系统工程设计是指根据综合布线技术的相关标准，按照建设单位的工程建设需求编制的功能完善、结构合理、性能先进的综合布线系统工程建设方案。

2.1.1 综合布线系统工程设计等级

按照 GB/T 50311 标准的规定，综合布线系统设计可以分为基本型、增强型、综合型三个设计等级。

1. 基本型综合布线系统

1）基本配置

（1）每一个工作区有 1 个信息插座。

（2）每个信息插座的配线电缆为 1 条 4 对对绞电缆。

（3）完全采用 110A 交叉连接硬件，并与未来的附加设备兼容。

（4）干线电缆的配置中，计算机网络宜按 24 个信息插座配 2 对对绞线，或每一个集线器（HUB）或集线器群（HUB 群）配 4 对对绞线；电话的每个信息插座至少配 1 对对绞线。

2）基本性能

（1）能够支持所有语音和数据传输应用。

（2）支持语音、综合型语音/数据高速传输。

(3) 便于维护人员维护、管理。
(4) 能够支持众多厂家的产品设备和特殊信息的传输。

2. 增强型综合布线系统

1) 基本配置

(1) 每个工作区有 2 个或 2 个以上信息插座。
(2) 每个信息插座的配线电缆为 1 条 4 对对绞电缆。
(3) 具有 110A 交叉连接硬件。
(4) 干线电缆的配置中,计算机网络按 24 个信息插座配置 2 对对绞线或每一个 HUB 或 HUB 群配 4 对对绞线;电话的每个信息插座至少配 1 对对绞线。

2) 基本性能

(1) 每个工作区有 2 个信息插座,灵活方便、功能齐全。
(2) 任何一个插座都可以提供语音和高速数据传输。
(3) 便于管理与维护。
(4) 能够为众多厂商提供布线方案。

3. 综合型综合布线系统

1) 基本配置

(1) 以增强型综合布线系统配置的信息插座量作为基础配置。
(2) 垂直干线的配置:每 48 个信息插座宜配 2 芯光纤,适用于计算机网络;电话或部分计算机网络,选用对绞电缆,按信息插座所需线对的 25% 配置垂直干线,电缆按用户要求进行配置,并考虑适当的备用量。
(3) 当楼层信息插座较少时,在规定范围内,可几层合用 HUB,并合并计算光纤纤芯数量,如有用户需要光纤到桌面(FTTD),光纤可经或不经 FD 直接从 BD 引至桌面,上述光纤芯数不包括 FTTD 的应用。
(4) 楼层之间原则上不敷设垂直干线电缆,但在每层的 FD 可适当预留一些接插件,需要时可临时布放合适的缆线。

2) 基本性能

(1) 每个工作区有 2 个或以上的信息插座,不仅灵活方便而且功能齐全。
(2) 任何一个信息插座都可供语音、视频和高速数据传输。
(3) 可以为客户提供一个较好的服务环境。
(4) 因为光缆的使用,可以提供很高的带宽。

2.1.2 综合布线系统工程设计原则与步骤

1. 综合布线系统工程设计原则与要点

1) 工程设计的一般原则

工程设计的一般原则有兼容性原则、开放性原则、灵活性原则、可靠性原则、先进性原则、可扩展性原则、经济性原则、标准化和规范化原则。

2) 设计要点

在进行工程设计时应把握以下要点。

(1) 尽量满足用户的通信要求。
(2) 熟悉了解建筑物(群)、楼宇间的通信环境。
(3) 确定合适的通信网络拓扑结构。
(4) 选取适用的传输介质。
(5) 以开放式为基准,与大多数厂商的产品和设备兼容。
(6) 将初步的系统设计和建设费用预算告知用户。

2. 综合布线系统工程设计步骤

设计一个合理的综合布线系统一般包括 7 个主要步骤。
(1) 用户需求分析。
(2) 获取建筑物(群)平面图/布局图。
(3) 综合布线系统结构设计。
(4) 综合布线系统布线路由设计。
(5) 可行性论证。
(6) 绘制综合布线系统工程施工图。
(7) 编制综合布线系统工程用料清单。

2.1.3 综合布线系统工程配置设计

综合布线系统工程配置设计是指按照综合布线技术的相关标准,对综合布线系统的各子系统进行详细设计,包括各子系统的组成、设计内容、设计要点、注意事项等方面。

1. 工作区子系统设计

1) 工作区的概念

工作区子系统是指从终端设备数据接口到综合布线系统信息插座的整个区域,即一个独立的、需要设置终端的区域为一个工作区,如图 2-1 所示。

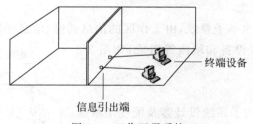

图 2-1 工作区子系统

2) 工作区设计

(1) 工作区缆线。工作区缆线用于连接信息插座和终端设备,长度一般不超过 5m,缆线类型根据终端调和的数据接口类型确定,以双绞线电缆为主。如终端调和设备接入电缆不使用双绞线电缆时,需使用相应规格的工作区适配器完成缆线的连接。

(2) 工作区适配器的选用。选择适当的工作区适配器,可使综合布线系统的输出与用户的终端设备保持完整的电器兼容,适配器的选用应遵循以下原则:
① 在设备连接器采用不同于信息插座的连接器时,可用专用电缆及适配器;
② 在单一信息插座上进行两项服务时,宜用 Y 型适配器;

③ 在配线(水平)子系统中选用的电缆类别(介质)不同于设备所需的电缆类别(介质)时,宜采用适配器;

④ 在连接使用不同信号的数模转换设备、数据速率转换设备等装置时,宜采用适配器;

⑤ 为了特殊的应用而实现网络的兼容性时,可使用转换适配器;

⑥ 根据工作区内不同的电信终端设备(例如 ISDN 终端)可配备相应的适配器。

(3) 确定信息插座的数量和类型。综合布线系统工程的信息插座大致可分为嵌入式安装插座、表面安装插座、多介质信息插座 3 类。信息插座的数量和类型确定的原则如下:

① 根据已掌握的客户需要,确定信息插座的类别;

② 根据建筑平面图计算实际可用的空间,根据空间的大小确定信息插座的数量。

3) 工作区设计要点

(1) 工作区内线槽/线管的敷设要合理、美观。

(2) 信息插座需在距离地面 30cm 以上。

(3) 信息插座与计算机设备的距离应保持在 5m 范围内。

(4) 网卡接口类型要与线缆接口类型保持一致。

(5) 所有工作区所需的信息模块、信息底盒、信息面板的数量要准确。

(6) 确定 RJ45 水晶头所需的数量。

4) 设计步骤

设计工作区时,具体操作可按以下三步进行。

(1) 根据楼层平面图计算每层需布线面积。

(2) 估算信息插座数量,一般设计两种平面图供用户选择:①为基本型设计每 9 平方米一个信息引出插座的平面图;②为增强型或综合型设计两个信息引出插座的平面图。

(3) 确定信息插座、水晶头的类型和数量。

2. 配线子系统设计

1) 配线子系统的概念

配线子系统又称为水平子系统,由工作区的信息插座、信息插座至楼层配线设备的配线电缆或光缆、楼层配线设备和跳线等组成,如图 2-2 所示。

2) 配线子系统设计

(1) 设计概述。配线子系统设计涉及配线子系统的传输介质和部件集成,主要有:①确定线路走向;②确定线缆、槽、管的数量和类型;③确定电缆的类型和长度;④如果打吊杆走线槽,计算需要用多少根吊杆;⑤如果不用吊杆走线槽,计算需要用多少根托架。

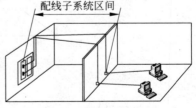

图 2-2 配线子系统

线路走向一般要由用户、设计人员、施工人员到现场根据建筑物的物理位置和施工难易度确定。

(2) 选择线缆。在配线子系统中常用的线缆有 4 种,即 100Ω 非屏蔽双绞线(UTP)电缆、100Ω 屏蔽双绞线(STP)电缆、50Ω 同轴电缆、62.5/125μm 光纤电缆。线缆选择的一般原则为:①产品选型必须与工程实际相结合;②选用的产品应符合我国国情和有关技术标准(包括国际标准、我国国家标准和行业标准);③近期和远期相结合;④符合技术先进性和经济合理性相统一的原则。

(3) 配线架与理线器。配线架的作用是将所有信息点的数据线缆均集中到配线架上,常见的配线架有 RJ45 网络配线架、110 型语音配线架、光纤配线架等。

线缆管理器又称理线器,通常与配线架配套安装,用于实现不同路由的水平电缆的路由管理。

(4) 水平电缆长度计算。水平电缆的计算公式有 3 种,可在设计中按需使用。

① 订货总量

$$订货总量(总长度 m) = 所需总长 + 所需总长 \times 10\% + n \times 6$$

其中,所需总长指 n 条布线电缆所需的理论长度;所需总长×10% 为备用部分;$n \times 6$ 为端接容差。

② 整幢楼的用线量

$$整幢楼的用线量 = \sum NC$$

其中,N 为楼层数;C 为每层楼用线量,$C = [(L+S)/2 \times 1.1 + 6] \times n$;$L$ 为本楼层离水平间最远的信息点距离;S 为本楼层离水平间最近的信息点距离;n 为本楼层的信息点总数;1.1 为备用系数;6 为端接容差。

③ 总长度

$$总长度 = (A+B)/2 \times n \times 1.2$$

其中,A 为最短水平缆线长度;B 为最长水平缆线长度;n 为布线系统需要安装的信息点数;1.2 为余量参数(富余量)。

3. 干线子系统设计

1) 干线子系统的概念

干线子系统由设备间的建筑物配线设备、跳线以及设备间至各楼层电信间的干线电缆或光缆组成。在设计时还要考虑各条干线接线间之间的电缆走线所需的竖向或横向通道和主设备间与计算机中心间的电缆。

2) 干线子系统的设计原则

干线子系统的设计应遵循以下的原则。

(1) 在确定干线子系统所需要的电缆总对数之前,必须确定电缆中话音和数据信号的共享原则。

(2) 应选择干线电缆最短、最安全、最经济的路由。

(3) 干线电缆可采用点对点端接,也可采用分支递减端接以及电缆直接连接的方法。

(4) 如果设备间与计算机机房处于不同的地点,而且需要把话音电缆连至设备间,把数据电缆连至计算机房,则宜在设计中选干线电缆的不同部分分别满足话音和数据的需要。

3) 干线子系统布线设计的步骤

(1) 确定每层楼的干线电缆要求。根据不同的需要和经济因素选择干线电缆类别。

(2) 确定干线电缆路由。选择干线电缆路由的原则是最短、最安全、最经济。

(3) 绘制干线路由图。采用标准中规定的图形与符号绘制垂直子系统的线缆路由图,图纸应清晰、整洁。

(4) 确定干线电缆尺寸。干线电缆的长度可用比例尺在图纸上实际量得,也可用等差数列计算。每段干线电缆长度要有备用部分(约 10%)和端接容差。

4）设计要点

干线子系统的设计要点如下。

(1) 确定每层楼的干线要求。

(2) 确定整座楼的干线要求。

(3) 确定从楼层到设备间的干线电缆路由。

(4) 确定干线接线间的接合方法。

(5) 选定干线电缆的长度。

(6) 确定敷设附加横向电缆时的支撑结构。

5）主干光缆的选择

光纤可分为单模光纤（8/125μm、9/125μm、10/125μm）和多模光纤（62.5/125μm、50/125μm）两类。从目前国内外局域网应用的情况来看，采用单模结合多模的形式铺设主干光纤网络是一种合理的选择。

4. 设备间子系统设计

1）设备间的概念

设备间子系统由设备室的电缆、连接器和相关支撑硬件组成，通过电缆实现各种公用系统设备的互连。设备间的主要设备有数字程控交换机、计算机网络设备、服务器、楼宇自控设备主机等，它们可以集中放置在同一场地，也可分开放置。

2）设备间的设计原则与步骤

(1) 设计原则：①最近与方便原则；②主交接间面积、净高选取原则；③接地原则；④色标原则；⑤操作便利性原则。

(2) 设计步骤。实施设计时可分为两步走，即①选择和确定主布线场的硬件规模；②选择和确定中继场/辅助场。

3）注意事项

在设计设备间时应注意以下事项。

(1) 设备间应设在位于干线综合体的中间位置。

(2) 应尽可能靠近建筑物电缆引入区和网络接口。

(3) 设备间应在服务电梯附近，便于装运笨重设备。

(4) 设备间内要注意：①室内无尘土，通风良好，要有较好的照明亮度；②要安装符合机房规范的消防系统；③使用防火门，墙壁使用阻燃漆；④提供合适的门锁，至少要有一条安全通道。

(5) 防止可能的水害（如暴雨成灾、自来水管爆裂等）带来的灾害。

(6) 防止易燃易爆物的接近和电磁场的干扰。

(7) 设备间（从地面到天花板）应保持不小于2.5m高度的无障碍空间，采用外开双扇门，门宽不应小于1.5m。

(8) 地板承重压力不能低于$500kg/m^2$。

4）电信间设计要点

(1) 电信间的数量应按所服务的楼层范围及工作区面积确定，如图2-3所示。如果该层信息点数量不大于400个，水平缆线长度在90m范围以内，宜设置一个电信间；当超出这一范围时宜设两个或多个电信间；每层的信息点数量数较少且水平缆线长度不大于90m的情况下，宜几个楼层合设一个电信间。

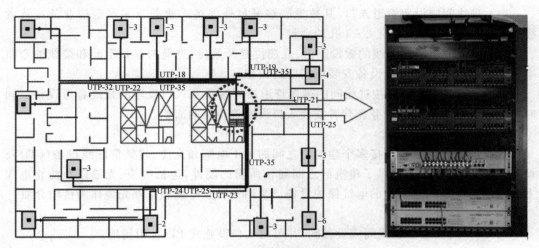

图 2-3　电信间及楼层布线图

（2）电信间应与强电间分开设置，电信间内或其紧邻处应设置缆线竖井。

（3）电信间的使用面积不应小于 $5m^2$，也可根据工程中配线设备和网络设备的容量进行调整。

（4）电信间的设备安装和电源要求应符合 GB/T 50311 标准中关于设备间的规定。

（5）电信间应采用外开丙级防火门，门宽大于 0.7m，电信间内温度应为 10～35℃，相对湿度宜为 20%～80%。如果安装信息网络设备时，应符合相应的设计要求。

5. 进线间子系统设计

进线间是建筑物外部通信和信息管线的入口部位，并可作为入口设施和建筑群配线设备的安装场地，是从 GB/T 50311—2007 标准划分出的子系统。

进线间宜靠近外墙或在地下设置，以便于缆线引入，进线间的大小应按进线间的进局管道最终容量及入口设施的最终容量设计。同时应考虑满足多家电信业务经营者安装入口设施等设备的面积。

1）设计内容

（1）建筑群主干电缆和光缆、公用网和专用网电缆、光缆及天线馈线等室外缆线进入建筑物时，应在进线间成端转换成室内电缆、光缆，并在缆线的终端处可由多家电信业务经营者设置入口设施，入口设施中的配线设备应按引入的电缆、光缆容量配置。

（2）电信业务经营者在进线间设置安装的入口配线设备应与 BD 或 CD 之间敷设的连接电缆、光缆实现路由互通。缆线类型与容量应与配线设备一致。

2）设计规定

进线间宜靠近外墙或在地下设置，以便于缆线引入。进线间的设计应符合下列规定。

（1）进线间应防止渗水，宜设有抽排水装置。

（2）进线间应与布线系统垂直竖井连通。

（3）进线间应采用相应防火级别的防火门，门向外开，宽度不小于 1000mm。

(4) 进线间应设置预防有害气体措施和通风装置,排风量按每小时不小于5次容积计算。

3) 设计要求

(1) 进线间应设置管道入口,其数量能够满足外部接入业务及多家电信业务经营者缆线接入的需求,并应留有2~4孔的余量。

(2) 进线间应满足缆线的敷设路由、成端位置及数量、光缆的盘长空间和缆线的弯曲半径、充气维护设备、配线设备安装所需要的面积。

(3) 进线间的大小应按进线间的进局管道最终容量及入口设施的最终容量设计。同时应考虑满足多家电信业务经营者安装入口设施等设备的面积。

6. 建筑群子系统设计

建筑群子系统是由连接多个建筑物之间的主干电缆和光缆、建筑群配线设备(CD)及设备缆线和跳线组成,提供了建筑群之间通信所需的硬件,包括电缆、光缆以及防止电缆上的浪涌电压进入建筑物的电气保护设备。常用大对数电缆和室外光缆作为传输介质。

1) 设计标准

(1) CD宜安装在进线间或设备间,并可与入口设施或BD合用场地。

(2) CD配线设备内、外侧的容量应与建筑物内连接BD配线设备的建筑群主干缆线容量及建筑物外部引入的建筑群主干缆线容量一致。

2) 设计要点

(1) 建筑群数据网主干缆线一般应选用多模或单模室外光缆。

(2) 建筑群数据网主干缆线需使用光缆与电信公用网连接时,应采用单模光缆,芯数应根据综合通信业务的需要确定。

(3) 建筑群主干缆线宜采用地下管道方式进行敷设,设计时应预留备用管孔,以便于扩充使用。

(4) 当采用直埋方式时,电缆通常敷设在离地面60.96cm以下的地方或按当地法规进行敷设。

3) 建筑群主干电缆的敷设

在建筑群子系统中电缆布线方法有以下4种。

(1) 架空电缆布线,如图2-4所示。

(2) 直埋电缆布线,如图2-5所示。

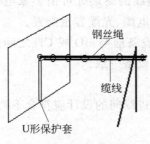

图2-4 架空电缆布线

图2-5 直埋电缆布线

(3) 管道电缆布线,如图 2-6 所示。
(4) 隧道电缆布线,如图 2-7 所示。

图 2-6 管道电缆布线

图 2-7 隧道电缆布线

7. 管理子系统设计

管理子系统是对设备间、电信间、进线间和工作区各管理点的配线设备、缆线、信息点等管理对象按统一的模式进行标识和记录。

1) 管理的内容

(1) 综合布线系统工程宜采用计算机进行文档记录与保存,简单且规模较小的综合布线系统工程可按图纸等纸质文档进行管理,并做到记录准确、及时更新、便于查阅;文档资料应实现汉化。

(2) 综合布线的每一根电缆和光缆、配线设备、端接点、接地装置、敷设管线等组成部分均应给定唯一的标识符并设置标签。标识符应采用相同的字母和数字等标明。

(3) 电缆和光缆两端的标识符应一致。

(4) 设备间、电信间、进线间的配线设备宜采用统一的色标区别各类业务与用途的配线区。

(5) 所有标签应保持清晰、完整,并满足使用环境要求。

(6) 对于规模较大的布线系统工程,为提高布线工程维护水平与网络安全,宜采用电子配线设备对信息点或配线设备进行管理,以显示与记录配线设备的连接、使用和变更情况。

2) 管理的信息

综合布线系统相关设施的工作状态信息应包括设备和缆线的用途、使用部门、组成局域网的拓扑结构、传输信息速率、终端设备配置状况、占用器件编号、色标、链路与信道的功能和各项主要指标参数及完好状况、故障记录等,还应包括设备位置和缆线走向等内容。

2.1.4 综合布线系统接地与防火设计

1. 接地设计

1) 接地系统结构

综合布线系统的接地设计包括接地线、接地母线(层接地端子)、接地干线、主接地母线(总接地端子)、接地引入线、接地体六部分,在进行系统接地的设计时,可按这六部分分层次地进行设计。

2) 接地设计的内容

(1) 在电信间、设备间及进线间应设置楼层或局部等电位接地端子板。

(2) 综合布线系统应采用共用接地的接地系统且单独设置接地体时,接地电阻值不应大于4Ω;布线系统的接地系统中存在两个不同的接地体时,其接地电位差不应大于1V(电压有效值)。

(3) 楼层安装的各个配线柜(架、箱)应采用适当截面的绝缘铜导线单独布线至就近的等电位接地装置,也可采用竖井内等电位接地铜排引到建筑物共用接地装置,铜导线的截面应符合设计要求。

(4) 缆线在雷电防护区交界处时,屏蔽电缆屏蔽层的两端应做等电位连接并接地。

(5) 综合布线系统的电缆在金属线槽或钢管内敷设时,线槽或钢管应保持连续的电气连接,并应有不少于两点的良好接地。

(6) 当缆线从建筑物外进入建筑物时,电缆和光缆的金属护套或金属件应在入口处就近与等电位接地端子板连接。

(7) 当电缆从建筑物外进入建筑物时,应选用适配的信号线路浪涌保护器,信号线路浪涌保护器应符合设计要求。

2. 防火

根据建筑物的防火等级和对材料的耐火要求,综合布线系统的缆线选用、布放方式及安装的场地应采取相应的措施。

综合布线工程设计选用的电缆、光缆应从建筑物的高度、面积、功能、重要性等方面综合考虑,选用相应等级的防火缆线。

通信电缆的防火测试标准有UL910、IE332-1及IEC332-3。缆线保护层材料一般有聚乙烯、聚氯乙烯PE/PVC,低烟无卤LSZH(for low smoke zero halogen)及氟树脂Tefion FEP(铁氟龙聚全氟乙丙树脂)几种,其中,PVC材料在综合布线系统工程中大量使用。

本节的实践作业对应实践作业2。

2.2 综合布线系统工程施工

综合布线系统工程施工是以综合布线工程设计方案和工程合同为依据,按照综合布线系统工程施工标准的要求,开展相应的施工活动,完成综合布线系统工程建设的工程环节。

2.2.1 工前管理

综合布线系统工程施工的工前管理是指在工程正式实施前必须完成的施工准备与管理活动,其内容包括工前准备、施工计划、施工组织与管理等内容。工前管理对于工程建设质量有重要的影响。

1. 工前准备

1）熟悉掌握和全面了解设计文件和图纸

（1）仔细阅读工程设计文件和施工图纸，对其中主要内容（如设计说明、施工图纸和工程概算等部分）相互对照、认真核对。

（2）会同设计单位现场核对施工图纸进行安装施工技术交底。设计单位有责任向施工单位介绍设计文件和施工图纸的主要设计意图和各种因素考虑。

2）综合布线系统设计方案审查

综合布线系统设计方案审查主要包括以下 6 方面：

（1）基本架构设计合理性；

（2）材料使用规范化；

（3）供货渠道正规化；

（4）设计人员资质审查；

（5）安装施工人员资质审查；

（6）工程测试、工程监理人员资质审查。

3）施工环境现场调查

（1）由于综合布线系统的缆线绝大部分采取隐蔽的敷设方式，需对建筑结构（如吊顶、地板、电缆竖井和技术夹层等建筑结构和空间尺寸）进行了解。

（2）在现场调查中要复核设计的缆线敷设路由和设备安装位置是否正确、适宜，有无安装施工的足够空间或需要采取补救措施或变更设计方案。

（3）调查和检验设备和干线交接间等专用房间的环境条件和建筑工艺是否符合要求。

4）设备和器材检验

（1）在安装施工前，应对工程中所用的设备、缆线、配线接续部件等主要器材的规格、型号、数量和质量进行外观检查，详细清点和抽样测试。

（2）工程中所需的设备、缆线和配线接续部件等主要器材的型号、规格、程式和数量都应符合设计规定要求。为了保证工程质量，不得在工程中安装使用无出厂检验证明合格的材料或与设计文件规定不符的器材。

（3）缆线和主要器材数量必须满足连续施工的要求，主要缆线和关键性的器材应全部到齐，以免因器材不足而影响整个工程的施工进度，产生更多的矛盾。

（4）经清点、检验和抽样测试的主要器材应做好记录，对不符合标准要求的缆线和器材应单独存放，不应混淆，以备核查与处理，并不允许在工程中使用。

（5）测试仪表和工具的检测。

2. 施工计划

1）编制安装施工进度计划

根据综合布线系统工程设计文件和施工图纸的要求，结合施工现场的客观条件、设备器材的供应和施工人员的数量等情况，安排施工进度计划和编制施工组织设计。

在安排施工计划时，应注意与建筑和其他系统的配合问题。必须注意建筑物和内部装修及其他系统工程的施工进度，必要时可随时修改施工计划，以求密切配合，协作施工，有利于保证工程质量和施工进度的顺利进行。

2）施工进度计划表格设计

（1）综合布线系统工程进度表见表2-1。

表 2-1 综合布线系统工程进度表

时间（周） 项目	1	2	3	4	5	6
前期准备	←——→					
铺管与布线		←——→				
信息座安装			←————→			
配线架安装与连接			←————————→			
终结与测试					←——→	
验收						←——→

（2）建筑物布线工程进度表见表2-2。

表 2-2 建筑物布线工程进度表

时间（周） 项目	1	2	3	4	5	6
布线	←————————→					
信息座安装			←——→			
配线架安装与连接			←——————→			
终结与测试					←——→	
验收						←——→

（3）楼层配线架端口连接记录表见表2-3。

表 2-3 楼层配线架端口连接记录表

配线架编号：zdh-2-001　　　　　　型号：pp488-5e　　　　　　楼层：自动化楼2层

1	2	3	4	5	6
2-01-c1	2-01-c2	2-02-c1	2-02-c2	2-03-c1	2-03-c2
7	8	9	10	11	12
13	14	15	16	17	18
19	20	21	22	23	24
25	26	27	28	29	30
31	32	33	34	35	36
37	38	39	40	41	42
43	44	45	46	47	48

(4) 信息点分布情况表见表 2-4。

表 2-4 信息点分布情况表

楼宇：信息楼　　　　　　　　　　　　　楼层：第四层

房间号	信息点编号	水平距离(约)	连接至配线架	端口
Room 402	4-02-C1	52	Xx-04-48-2	12
	4-02-T1	52	Xx-04-100-2	1
	4-02-C2	55	Xx-04-48-2	13
	4-02-T2	55	Xx-04-100-2	2
Room 403				

3. 施工组织与管理

1）施工协调

施工协调包括以下 4 方面。

(1) 提交电源、照明申请。

(2) 确定工期及进出时间。

(3) 提交线槽、桥架、管道孔配置申请。

(4) 申请材料、物品暂存区。

2）合理组织与调度

(1) 做好施工人员的合理分配。

(2) 协调材料的组织与工程进度的配合。

(3) 施工工具的合理分配与使用。

2.2.2 工程施工

综合布线系统工程施工的具体内容包括网络机柜与机架的安装，管槽、桥架的安装，缆线的敷设以及信息插座的安装。

1. 网络机柜与机架的安装

(1) 根据工程施工图的要求，在需要的场地安装网络机柜，其安装步骤如下。

① 前期准备。详读机柜背部接线图和内部设备位置图等，准备好跳线、网络标签、内部所需设备。

② 组装机柜。首先组装网络机柜顶盖和底板，其次安装脚轮，然后安装立柱、横梁、风扇和固定隔板，最后固定前、后、侧门。内部配件可以根据内部设备的安装情况进行安装。

③ 整理机柜。网络机柜组装完成之后，理顺各类缆线，将机柜内部的挡板调整到合适的位置，并做好标记或者贴上标签。

④ 调试测试。对网络机柜进行测试,打开电源,进行机柜内各类设备操作测试,确保正常运行。

(2) 注意事项如下。

① 安装网络机柜前,需要测量机柜使用实际空间的大小,保证能通过天花板、出入口,还要考虑网络机柜的安装位置,确保能够靠近电源,通网通电。

② 安装网络机柜之前必须断电,确保安全。

③ 安装时可用纸板做一个样本对比开孔安装,安装时要对照图纸进行。

④ 网络机柜在组装时不要一次性将安装螺丝拧紧,注意安装位置调整的需要。

⑤ 安装网络机柜里的配线架时,需要统一线序,防止交叉,配线架安装应对准左右孔位,不能错位安装。

2. 管槽、桥架的安装

1) 线管、线槽和桥架的结构和作用

(1) 金属管与塑料管:金属管主要用于暗埋工程或分支结构,塑料管主要用于工作区等场地明敷布线领域。管内要有拉线或拉绳,用以牵引缆线。

(2) 金属槽与塑料槽:槽的结构由槽底和槽盖两部分组成。在工程施工时,依据工程施工图的要求,先固定槽底,然后在槽内放缆线,最后盖好槽盖。

(3) 槽式桥架:槽式桥架是国内综合布线工程中使用较广泛的一种布线产品,封闭性结构对其内敷设的缆线有很好的保护作用。

(4) 托盘式桥架。托盘式桥架在国外的综合布线工程中使用较多,开放式结构,便于缆线敷设和路由变更,但其对缆线的保护能力一般。

2) 管槽内缆线的敷设方式

(1) 采用电缆桥架或线槽和预埋钢管相结合的方式敷设缆线。

① 电缆桥架宜高出地面 2.2m 以上,桥架顶部距顶棚或其他障碍物不应小于 0.3m,桥架宽度不宜小于 0.1m,桥架内横断面的填充率不应超过 50%。

② 在电缆桥架内垂直敷设缆线时,在缆线的上端应每间隔 1.5m 左右固定在桥架的支架上;水平敷设时,在缆线的首、尾、拐弯处每间隔 2~3m 处进行固定。

③ 电缆线槽宜高出地面 2.2m,在吊顶内设置时,槽盖开启面应保持 80mm 的垂直净空,线槽截面利用率不应超过 50%。

④ 水平布线时,布放在线槽内的缆线可以不绑扎,槽内缆线应顺直,尽量不交叉,缆线不应溢出线槽,在缆线进出线槽部位,拐弯处应绑扎固定。垂直线槽布放缆线应每间隔 1.5m 固定在缆线支架上。

⑤ 在水平、垂直桥架和垂直线槽中敷设缆线时,应对缆线进行绑扎。绑扎间距不宜大于 1.5m,扣间距应均匀,松紧适度。

(2) 在预埋金属线槽内敷设缆线要点如下。

① 在建筑物中预埋线槽可视不同尺寸,按一层或两层设置,应至少预埋两根以上,线槽截面高度不宜超过 25mm。

② 线槽直埋长度超过 6m 或在线槽路由交叉、转变时宜设置拉线盒,以便于布放缆线和维修。

③ 拉线盒盖应能开启,并与地面齐平,盒盖处应采取防水措施,线槽宜采用金属管引入分线盒内。

(3) 在预埋暗管内敷设缆线要点如下。

① 暗管宜采用金属管,预埋在墙体中间的暗管内径不宜超过50mm,楼板中的暗管内径宜为15～25mm,在直线布管30m处应设置暗箱等装置。

② 暗管的转弯角度应大于90°,在路径上每根暗管的转弯点不得多于两个,并且不应出现S弯,在弯曲布管时每间隔15m处应设置暗线箱等装置。

③ 暗管转弯的曲率半径不应小于该管外径的6倍,如暗管外径大于50mm时,不应小于10倍。

④ 暗管管口应光滑,并加绝缘套管,管口伸出部位应为25～50mm。

(4) 在格形线槽和沟槽内敷设缆线。沟槽和格形线槽必须沟通,沟槽盖板可开启,并与地面齐平,盖板和插座出口处应采取防水措施,沟槽的宽度宜小于600mm。

在活动地板内敷设缆线时,活动地板内净空不应小于150mm。如果活动地板内作为通风系统的风道使用时,地板内净高不应小于300mm;采用公用立柱作为吊顶支撑时,可在立柱中布放缆线,立柱支撑点宜避开沟槽和线槽位置,支撑应牢固;不同种类的缆线布线在金属槽内时,应同槽分隔(用金属板隔开)布放,金属线槽接地应符合设计要求。

3) 缆线布放数量要求

在不同规格的线槽、线管内缆线的布放数量要符合标准的要求,不得超量布放,在不同规格的线槽和线管内的布线数量见表2-5和表2-6。

表2-5 线槽内双绞线布放数量

槽类型	槽规格/mm	容纳双绞线数量
PVC	30×16	7
PVC、金属	50×25	18
PVC、金属	60×30	23
PVC、金属	75×50	40
PVC、金属	80×50	50
PVC、金属	100×50	60
PVC、金属	100×80	80
PVC、金属	200×100	150
PVC、金属	250×125	230

表2-6 线管内双绞线布放数量

管类型	管规格/mm	容纳双绞线数量
PVC、金属	16	2
PVC	20	3
PVC、金属	25	5
PVC、金属	32	7
PVC	40	11
PVC、金属	50	15
PVC、金属	63	23
PVC	80	30
PVC	100	50

3. 缆线的敷设

1）缆线牵引技术

敷设缆线时可用拉线（拉绳）或一条软钢丝绳将缆线牵引穿过墙壁管路、天花板和地板管路布放。制作缆线牵引端头的技术称为缆线牵引技术。

缆线牵引的难度不仅取决于要完成作业的类型、缆线的质量、布线路由的复杂度，还与管道中要穿过的缆线的数量有关。

在制作缆线牵引端头时，必须注意要使拉线与缆线的连接点尽量平滑，通常采用电工胶带紧紧地缠绕在牵引点外面，以保证平滑和牢固。

2）干线缆线的布放

建筑物的主干线缆主要通过垂直竖井、电缆孔或垂直管道布放。垂直竖井应该是封闭型竖井，不得在供水、供电、供暖等管道竖井和电梯竖井内进行缆线布放。

建筑物的主干线缆的布放方式有向下垂放电缆和向上牵引缆线两种。

（1）向下垂放电缆：①在楼顶电缆孔的中心处装一个滑轮；②将干线线缆拉出绕在滑轮上；③牵引干线线缆穿过每层楼的电缆孔实现逐层布放缆线。

（2）向上牵引线缆：①按照线缆的质量选定绞车型号，并按绞车制造厂家的说明书进行操作，在绞车中穿一条拉绳；②启动绞车，并往下垂放一条拉绳（确认此拉绳的强度能保护牵引线缆），拉绳向下垂放直到安放线缆的最底楼层；③将拉绳与干线缆线连接起来，拉动拉绳，穿过每层楼的电缆孔实现逐层布放缆线。

3）建筑物内水平布线

建筑物内水平布线可选用暗道、天花板顶内、墙壁线槽等形式。

（1）暗道布线。暗道布线是在浇筑混凝土时预埋地板管道，管道内有牵引电缆线的钢丝或铁丝。

对于旧的建筑物或没有预埋管道的新建筑物，需向业主索取建筑物的图纸，确定布线施工方案。施工可以与建筑物装修同步进行。

（2）天花板顶内布线步骤如下。

① 确定布线路由；

② 沿着所设计的路由，打开天花板，用双手推开每块镶板，进行水平线缆布放。可使用J形钩、吊索及其他支撑物支撑线缆；

③ 在线缆的两端注上标号；

④ 从离管理间最远的线缆开始，将水平线缆依次拉到管理间。

（3）墙壁线槽布线步骤如下。

① 确定布线路由，决定因素有电缆的长度、弯度和外观等；

② 沿着路由方向放线（要求直线美观）；

③ 固定线槽槽底，每隔1m安装固定螺钉；

④ 槽内布线（布线线缆不超过线槽容量的60%）；

⑤ 盖塑料槽盖。注意，应错位盖槽盖。

4）建筑群电缆布线

建筑群电缆布线方法有架空电缆布线、直埋电缆布线、管道电缆布线、隧道电缆布线

4种。通常,综合布线系统工程建筑群间电缆常用直埋电缆布线、管道电缆布线两种方法,建筑物内多采用管道电缆布线方式。

4. 信息插座的安装

根据综合布线系统工程施工图的要求,在工作区等场地的相应位置进行信息插座的安装施工。信息插座的施工过程包括水平缆线引入信息底盒、固定信息底盒、信息模块端接与固定、固定信息面板、贴标签。

(1) 水平缆线引入信息底盒。根据施工图的要求,将水平缆线布放至预留安装信息底盒的孔洞处,将水平缆线引入信息底盒。

(2) 固定信息底盒。将引入水平缆线后的信息底盒按合适的方式进行固定,注意底盒固定的方向和深度,确保在底盒上安装面板后,面板能够与墙面等安装面保持水平。

(3) 信息模块端接与固定。将底盒内的水平缆线沿盒内壁盘绕一周,剪去多余缆线,并以挤压线对、增大芯线间隙的方式将电线芯线按信息模块上的芯线要求卡接,通常按照信息模块上的T568B标准端接,然后用打线钳压实芯线并剪去多余芯线。

(4) 固定信息面板。将端接好的信息模块按照正确的方向卡接到信息面板上,确保打开面板滑盖能出现完整的RJ45接口,并用安装螺丝将面板固定在信息底盒上。

(5) 贴标签。按照管理的要求,给信息插座进行编号,以正确的方式书写标签并将标签粘贴在面板表面。要注意将标签粘贴得牢固、清晰。

2.3 工程测试

综合布线系统工程测试是综合布线系统工程项目建设的一项重要内容,是评估综合布线系统工程质量的重要技术手段,是确保综合布线系统工程高效建设,同时也是综合布线系统工程监理的重要内容。

本节从工程测试的测试对象、测试内容、测试方法、测试仪器等方面入手,熟悉工程测试的相关工作流程,学习并掌握工程测试的相关技能。

2.3.1 测试对象

综合布线系统工程的测试对象是综合布线工程的完整链路。根据综合布线系统工程的组成可知,综合布线工程的链路是由各级缆线和连接器件组成的。首先,连接器件是按照相关规范和标准生产制造的,其质量可以得到确认;其次,在各级缆线里,建筑群缆线和干线缆线主要使用光缆,其通信性能是可靠的。上述两部分和工作区缆线不作为工程测试的主要对象。

综合布线系统工程的测试对象主要是指在整个布线工程中占比最多的水平链路,使用测试仪器对水平链路进行测试。

1. 综合布线链路

1) 双绞线水平布线链路

按照用户对数据传输速率不同的需求,根据不同应用场合,链路可分为3类水平链路、5类水平链路、增强型5类水平链路、6类水平链路等。

(1) 3类水平链路是使用3类双绞数字电缆及同类别或更高类别的器材(接插硬件、跳线、连接插头、插座)进行安装的链路。3类链路的最高工作频率为16MHz。

(2) 5类水平链路是使用5类双绞数字电缆及同类别或更高类别的器材(接插硬件、跳线、连接插头、插座)进行安装的链路。5类链路的最高工作频率为100MHz。

(3) 增强型5类水平链路是使用超五类双绞线电缆及接插硬件、跳线、连接插头、插座进行安装的链路。增强5类链路的最高工作频率为100MHz,同时使用4对芯线时,支持1000Base-T以太网工作。

(4) 6类水平链路是使用6类双绞线电缆及同类别或更高类别的器件(接插硬件、跳线、连接插头、插座)进行安装的链路。6类链路的最高工作频率为250MHz,同时使用2对芯线时,支持1000Base-T或更高速率的以太网工作。

2) 光纤水平布线链路

在综合布线工程中,当水平布线长度超过100m、传输速率在100Mbit/s以上时,有高质量传输数据要求,布线环境处于电磁干扰严重等情况之一时,可考虑采用光纤水平布线链路。

楼宇内光纤水平布线一般使用多模光纤,也可使用单模光纤。根据不同需求可以选择的多模光纤为62.5/125μm和50/125μm两种。当使用1000Base-SX局域网进行数据传输时,它们分别可以支持最大220m和500m长度的水平链路。

2. 测试连接

测试连接是指测试仪器与被测链路的连接方式。

1) 双绞线水平链路的测试连接

(1) 基本链路方式(basic link)。该方式包括最长90m的端间固定连接水平缆线和在两端的接插件。两端接插件一端为工作区信息插座;另一端为楼层配线架、跳线板插座及连接两端接插件的两条2m测试线。基本链路方式如图2-8所示。

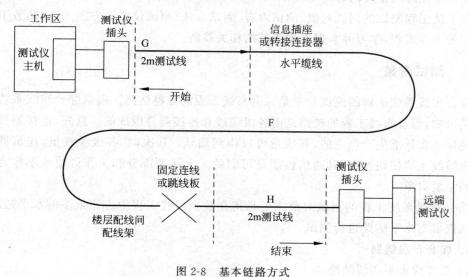

图2-8 基本链路方式

F—信息插座与路线板间水平线缆≤90m;G、H—测试设备连线(共4m)

(2) 信道链路方式(channel)。信道链路连接方式用来验证包括用户终端连接线在内的整体通道的性能。

整体通道包括最长 90m 的水平线缆、一个信息插座、一个靠近工作区的可选的附属转接连接器、在楼层配线间跳线架上的两处连接跳线和用户终端连接线,总长不得大于 100m。信道链路方式如图 2-9 所示。

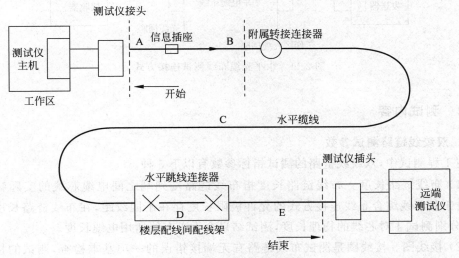

图 2-9　信道链路方式

A—用户终端连接线；B—用户转接线；C—水平缆线；D—跳线架连接跳线；
E—跳线架到通信设备连接线；B+C≤90m,A+B+E≤10m

(3) 永久链路方式(permanent link)。永久链路又称固定链路,在国际标准化组织 ISO/IEC 所制定的增强 5 类、6 类标准及 TIA/EIA 568B 新的测试定义中,定义了永久链路测试方式,它将代替基本链路方式。

永久链路方式由 90m 水平电缆和链路中相关接头(必要时增加一个可选的转接/汇接头)组成。与基本链路方式不同的是,永久链路不包括现场测试仪插接线和插头以及两端 2m 测试电缆,电缆总长度为 90m,而基本链路包括两端的 2m 长测试电缆,电缆总长度为 94m。永久链路方式如图 2-10 所示。

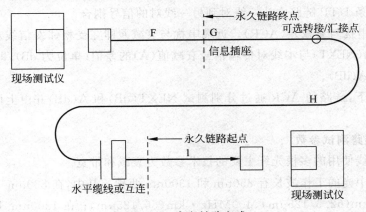

图 2-10　永久链路方式

2) 水平光缆布线测试连接方式

水平光缆布线测试连接方式如图 2-11 所示。

图 2-11 水平光缆布线测试连接方式

2.3.2 测试内容

1. 双绞线链路测试参数

在工程测试中,双绞线链路的测试指标参数有以下 5 种。

(1) 布线链路长度。布线链路长度指布线链路端到端之间电缆芯线的实际物理长度。由于各芯线综合布线连接方式的允许极限长度存在不同绞距,在布线链路长度测试时,要分别测试 4 对芯线的物理长度,测试结果会大于布线所用电缆长度。

(2) 接线图。接线图是测试布线链路有无端接错误的一项基本检查,测试的接线图显示出所测每条线缆的 8 条芯线与接线端子的连接实际状态。正确的线对组合为 1/2、3/6、4/5、7/8。

根据综合布线的需求,可以使用 A 型(T568A)和 B 型(T568B)两种连接插座和布线排列方式,二者有着固定的排列线序,不能混用和错接。

接线图可能出现的情况:①正确连接;②反向线对;③交叉线对;④短路;⑤开路;⑥串绕线对;⑦其他接线错误。

(3) 衰减。衰减(attenuation)是沿链路的信号损失度量。衰减随频率而变化,所以应测量应用范围内全部频率上的衰减值。

(4) 近端串扰(NEXT)损耗(near-end crosstalk loss)。当信号在一个线对上传输时会同时将一小部分信号感应到其他线对上,这种信号感应就是串扰。近端串扰(NEXT)损耗是测量一条 UTP 链路中从一线对到另一线对的信号耦合。

(5) 近端串扰与衰减差(ACR)。近端串扰与衰减差即在受相邻发信线对串扰的线对上,其串扰损耗(NEXT)与本线对传输信号衰减值(A)的差值(单位为 dB),即 ACR(dB)= NEXT(dB)−A(dB)。

一般情况下,链路的 ACR 通过分别测试 NEXT(dB) 和 A(dB) 并由上面的公式直接计算出来。

2. 光纤链路测试参数

楼宇内布线使用的多模光纤主要的技术参数为衰减和带宽。

多模光纤中光的工作波长有 850nm 和 1300nm 两种。其中,在 850nm 下满足工作带宽 160MHz·km(62.5/125μm)、400MHz·km(50/125μm);在 1300nm 下满足工作带

宽 500MHz·km(62.5/125μm、50/125μm)。

2.3.3 测试仪器及其使用

1. 测试环境要求

（1）测试时应无电焊、电钻和产生强磁干扰的设备作业，被测综合布线系统必须是无源网络，测试时应断开与之相连的有源、无源通信设备，以避免测试受到干扰或损坏仪表。

（2）测试温度为 20～30℃，湿度为 30%～80%。

（3）需采用防静电措施。

2. 测试时间与测试方式

工程测试的测试时间通常为工程施工前的工程准备时、工程施工过程中和工程施工完成后，对应的工程测试方式为工前测试、随工测试和完工测试。

（1）工前测试。工前测试是指在综合布线工程施工前的工程准备阶段进行的工程测试，其测试对象主要是双绞线电缆。具体测试方式有双绞线电缆的整箱测试和电气性能测试。整箱测试主要是测试双绞线电缆的长度。电气性能测试则是从所准备的电缆中任取 3 箱，每箱截取 100m，用测试仪进行全频范围内的长度、接线图、衰减、近端串扰、衰减串扰比等指标参数的测试。上述测试要有完整的测试记录，该测试记录作为工程竣工文档的组成材料，在工程验收前需提供给建设单位。

（2）随工测试。随工测试又称随工检测，是指在工程施工过程中，由工程施工人员或工程监理人员对所完成的施工项目进行质量检测。通常，在综合布线工程施工过程中，每完成一个项目的施工，就应该实施对应的工程测试。

（3）完工测试。完工测试又称为竣工测试，是指综合布线工程施工完成后，由施工单位组织的对整体工程进行的质量检测。竣工测试记录要求按照相应标准的规定进行，在工程验收前要与工程验收申请一并提供给建设单位。

3. 测试程序

（1）测试仪测试前自检，确认仪表正常。

（2）选择测试连接方式。

（3）选择线缆类型及测试标准。

（4）设置测试环境温度。

（5）根据要求选择"自动测试"或"单项测试"。

（6）测试后存储数据并打印。

（7）发生问题时，修复链路后复测。

（8）测试中出现"失败"时，应查找故障原因。

4. Fluke 系列测试仪简介

Fluke DSX-602 测试仪（如图 2-12 所示）提供基本的 CAT6A 和 Class EA 铜缆认证测试功能，测试时间仅需 10s，其拥有高级用户界面，利用 LinkWare 软件或者 Wi-Fi 方式实现智能设备管理和测试仪操作。

Fluke DSX-5000 光纤测试仪如图 2-13 所示。

使用 Fluke DSX-602 测试仪测试双绞线电缆的测试报告如图 2-14 所示。

图 2-12 Fluke DSX-602 测试仪　　　　图 2-13 Fluke DSX-5000 光纤测试仪

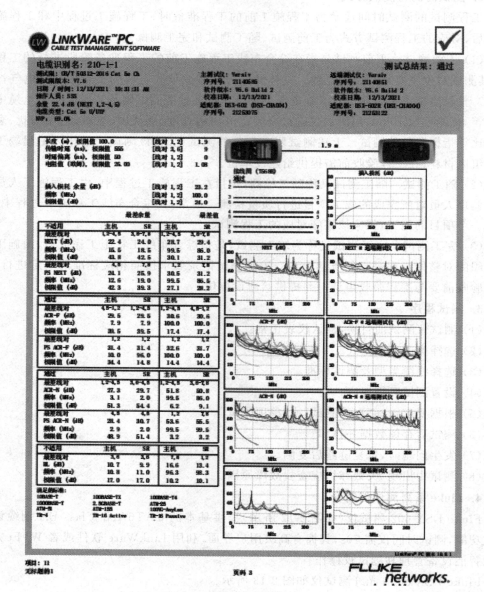

图 2-14 双绞线电缆的测试报告

5. 双绞线电缆及光纤布线系统测试仪现场使用要求

双绞线电缆及光纤布线系统测试仪现场测试应符合下列要求。

(1) 应能测试信道与链路的性能指标。

(2) 应具有针对不同布线系统等级的相应精度,考虑测试仪的功能、电源、使用方法等因素。

(3) 测试仪精度应定期检测,每次现场测试前仪表厂家应出示测试仪的精度有效期限证明。

(4) 测试仪应具有测试结果的保存功能并提供输出端口,可将所有存储的测试数据输出至计算机和打印机,测试数据必须不被修改,并可进行维护和文档管理。

测试仪应提供所有测试项目、概要和详细的报告,测试仪宜提供汉化的通用人机界面。

2.3.4 综合布线工程电气测试

综合布线工程电气测试包括电缆系统电气性能测试和光纤系统性能测试。

电缆系统电气性能测试项目应根据布线信道或链路的设计等级和布线系统的类别要求制定。各项测试结果的详细记录应作为竣工资料的一部分。测试记录的内容和形式可参考表 2-7 和表 2-8。

表 2-7 综合布线系统电缆(链路/信道)性能指标测试记录

工程项目名称:

序号	编号			电缆系统						备注
	地址号	缆线号	设备号	长度	接线图	衰减值	近端串音	电缆屏蔽层连通情况	其他项目	

测试日期:　　　　测试人员:　　　　测试仪表型号:　　　　测试仪表精度:

处理情况:

表 2-8 综合布线系统工程光纤(链路/信道)性能指标测试记录

工程项目名称:

序号	编号			光缆系统								备注
				多　模				单　模				
	地址号	缆线号	设备号	850nm		1300nm		1310nm		1550nm		
				衰减(插入损耗)	长度	衰减(插入损耗)	长度	衰减(插入损耗)	长度	衰减(插入损耗)	长度	

测试日期:　　　　测试人员:　　　　测试仪表型号:　　　　测试仪表精度:

处理情况:

2.4 工程验收

工程验收是综合布线系统工程项目建设的最后环节,是确定综合布线系统工程的建设质量、指导工程建设双方履行工程建设合同的依据。

在工程验收环节中,需要掌握工程验收的形式、验收的依据、验收人员组成、工程验收的内容和检验方式。

2.4.1 基本概念

1. 工程验收应遵循的规定

综合布线系统工程的验收应遵循以下规定。

(1) 进行综合布线系统工程验收时,应按设计文件及合同规定的内容进行。

(2) 进行综合布线系统的施工、安装、测试及验收必须遵守相应的技术标准、技术要求和国家标准。

(3) 在施工过程中,施工单位必须执行有关施工质量的相关规定。建设单位应通过工地代表或工程监理人员加强工地的随工质量检查,及时组织隐蔽工程的检验和签证工作。

(4) 竣工验收项目内容和方法应按有关规范办理。

(5) 施工操作规程应贯彻执行有关规范要求。

(6) 综合布线系统工程的验收,应符合国家现行有关标准的规定。

2. 验收依据与验收方式

1) 工程验收的标准及依据

综合布线系统工程验收的标准主要是我国的 GB/T 50312—2016 或 GB/T 50312—2007 标准,对应国外标准为 EIA/TIA568B 标准。

验收依据材料还包括主要设备器材的生产厂商提供的 15 年质保证书,工程甲方签字确认的施工图纸、技术文件,施工规范及测试规范等对应的综合布线标准。

2) 验收方式

综合布线系统工程验收采用分段验收与完工总验收相结合的方式,主要内容包括:各管理区子系统配线架线缆要有分区标志,并安装牢固;布线竣工后,交付符合技术规范垂直布线分配表和 MDF/IDF 位置分布表;大对数电缆与光纤的相关测试,并提供测试报告。

3) 竣工资料

施工单位(工程乙方)完成工程施工督导和安装测试后,书面通知建设单位(工程甲方)并提供原测试方案、具体测试事项和工程达到的技术标准。

施工单位(工程乙方)向建设单位(工程甲方)提供符合技术规范的结构化综合布线系统的技术档案材料,其内容包括:综合布线系统配置图、光纤端接架上光纤分配表、光纤测试报告、铜缆系统测试报告和工程竣工图。

综合布线系统工程的竣工技术资料应包括:①安装工程量;②工程说明;③设备、器材明细表；④竣工图纸为施工中更改后的施工设计图；⑤测试记录；⑥工程变更、检查记录及施工过程中需更改设计或采取相关措施，由建设、设计、施工等单位之间的洽商记录；⑦随工验收记录；⑧隐蔽工程签证；⑨工程决算。

3. 工程验收小组

在工程验收时，由建设单位（工程甲方）、施工单位（工程乙方）和工程监理等第三方人员共同组成工程验收小组。

工程验收小组由工程双方单位的行政负责人、有关工程建设直管人员或项目主管、主要工程项目监理人员、建筑设计施工单位的相关技术人员及第三方验收机构或相关技术人员组成的专家组组成，由建设单位（工程甲方）相关负责人员担任验收小组组长。

2.4.2　工程验收检验项目内容与要求

1. 综合布线系统工程检验项目及内容

综合布线系统工程，应按表2-9所列项目、内容进行检验。检测结论作为工程竣工资料的组成部分及工程验收的依据之一。

表2-9　综合布线系统工程检验项目及内容

阶　　段	验 收 项 目	验 收 内 容	验 收 方 式
施工前检查	1. 环境要求	①土建施工情况：地面、墙面、门、电源插座及接地装置；②土建工艺：机房面积、预留孔洞；③施工电源；④地板铺设；⑤建筑物入口设施检查	施工前检查
	2. 器材检验	①外观检查；②型式、规格、数量；③电缆及连接器件电气性能测试；④光纤及连接器件特性测试；⑤测试仪表和工具的检验	
	3. 安全、防火要求	①消防器材；②危险物的堆放；③预留孔洞防火措施	
设备安装	1. 电信间、设备间、设备机柜、机架	①规格、外观；②安装垂直度、水平度；③油漆不得脱落标志完整齐全；④各种螺丝必须紧固；⑤抗震加固措施；⑥接地措施	随工检验
	2. 配线模块及8位模块式通用插座	①规格、位置、质量；②各种螺丝必须拧紧；③标志齐全；④安装符合工艺要求；⑤屏蔽层可靠连接	
电、光缆布放（楼内）	1. 电缆桥架及线槽布放	①安装位置正确；②安装符合工艺要求；③符合布放缆线工艺要求；④接地	
	2. 缆线暗敷（包括暗管、线槽、地板下等方式）	①缆线规格、路由、位置；②符合布放缆线工艺要求；③接地	隐蔽工程签证

续表

阶　段	验收项目	验收内容	验收方式
电、光缆布放（楼间）	1. 架空缆线	①吊线规格、架设位置、装设规格；②吊线垂度；③缆线规格；④卡、挂间隔；⑤缆线的引入符合工艺要求	随工检验
	2. 管道缆线	①使用管孔孔位；②缆线规格；③缆线走向；④缆线防护设施的设置质量	隐蔽工程签证
	3. 埋式缆线	①缆线规格；②敷设位置、深度；③缆线的防护设施的设置质量；④回土夯实质量	
	4. 通道缆线	①缆线规格；②安装位置，路由；③土建设计符合工艺要求	
	5. 其他	①通信线路与其他设施的间距；②进线室设施安装、施工质量	随工检验隐蔽工程签证
缆线终接	1. 8位模块式通用插座	符合工艺要求	随工检验
	2. 光纤连接器件		
	3. 各类跳线		
	4. 配线模块		
系统测试	1. 工程电气性能测试	①连接图；②长度；③衰减；④近端串音；⑤近端串音功率和；⑥衰减串音比；⑦衰减串音比功率和；⑧等电平远端串音；⑨等电平远端串音功率和；⑩回波损耗；⑪传播时延；⑫传播时延偏差；⑬插入损耗；⑭直流环路电阻；⑮设计中特殊规定的测试内容；⑯屏蔽层的导通	竣工检验
	2. 光纤特性测试	①衰减；②长度	
管理系统	1. 管理系统级别	符合设计要求	竣工检验
	2. 标识符与标签设置	①专用标识符类型及组成；②标签设置；③标签材质及色标	
	3. 记录和报告	①记录信息；②报告；③工程图纸	
工程总验收	1. 竣工技术文件	清点、交接技术文件	
	2. 工程验收评价	考核工程质量，确认验收结果	

2. 检测结论与要求

（1）系统工程安装质量检查，各项指标符合设计要求，则被检项目检查结果为合格；被检项目的合格率为100%，则工程安装质量判为合格。

（2）系统性能检测中，对绞电缆布线链路、光纤信道应全部检测，竣工验收需要抽验时，抽样比例不低于10%，抽样点应包括最远布线点。

3. 系统性能检测单项合格判定

(1) 如果一个被测项目的技术参数测试结果不合格,则该项目判为不合格。如果某一被测项目的检测结果与相应规定的差值在仪表准确度范围内,则该被测项目应判为合格。

(2) 按双绞线链路性能指标要求,采用 4 对对绞电缆作为水平电缆或主干电缆,所组成的链路或信道有一项指标测试结果不合格,则该水平链路、信道或主干链路判为不合格。

(3) 主干布线大对数电缆中按 4 对对绞线对测试,指标有一项不合格,则判为不合格。

(4) 如果光纤信道测试结果不满足本规范附录 C 的指标要求,则该光纤信道判为不合格。

(5) 未通过检测的链路、信道的电缆线对或光纤信道可在修复后复检。

4. 竣工检测综合合格判定

(1) 对绞电缆布线全部检测时,无法修复的链路、信道或不合格线对数量有一项超过被测总数的 1%,则判为不合格;光缆布线检测时,如果系统中有一条光纤信道无法修复,则判为不合格。

(2) 对绞电缆布线抽样检测时,被抽样检测点(线对)不合格比例不大于被测总数的 1%,则视为抽样检测通过,不合格点(线对)应予以修复并复检。被抽样检测点(线对)不合格比例如果大于 1%,则视为一次抽样检测未通过,应进行加倍抽样,加倍抽样不合格比例不大于 1%,则视为抽样检测通过。若不合格比例仍大于 1%,则视为抽样检测不通过,应进行全部检测,并按全部检测要求进行判定。

(3) 全部检测或抽样检测的结论为合格,则竣工检测的最后结论为合格;全部检测的结论为不合格,则竣工检测的最后结论为不合格。

5. 综合布线管理系统检测

综合布线管理系统检测时,标签和标识按 10% 抽检,系统软件功能全部检测。检测结果符合设计要求,则判为合格。

2.4.3 工程验收的检验过程

1. 环境和器材等检查

1) 环境检查

(1) 交接间、设备间、工作区的土建工程已全部竣工。房屋地面平整、光洁,门的高度和宽度应不妨碍设备和器材的搬运,门锁和钥匙齐全。

(2) 房屋预埋地槽、暗管及孔洞、竖井的位置、数量、尺寸均应符合设计要求。

(3) 铺设活动地板的场所,活动地板防静电措施的接地应符合设计要求。

(4) 交接间、设备间应提供 220V 单相带接地电源插座。

(5) 交接间、设备间应提供可靠的接地装置,设置接地体时,检查接地电阻值,接地装置应符合设计要求。

(6) 交接间、设备间的面积、通风及环境温度、湿度应符合设计要求。

2) 器材检查

(1) 工程所用缆线器材型式、规格、数量、质量在施工前应进行检查,无出厂检验证明材料或与设计不符者不得在工程中使用。特别是国外器件,应有出厂检验证明及商检证书。

（2）经检验的器材应做好记录,对不合格的器件应单独存放,以备核查与处理。

（3）工程中使用的缆线、器材应与订货合同或封存的产品在规格、型号、等级上相符。

（4）备品、备件及各类资料应齐全。

3）型材、管材与铁件的检查

（1）各种型材的材质、规格、型号应符合设计文件的规定,表面应光滑、平整,不得变形、断裂。预埋金属线槽、过线盒、接线盒及桥架表面涂覆或镀层均匀、完整,不得变形、损坏。

（2）管材采用钢管(在潮湿处应用热镀锌钢管,干燥处可用冷镀锌钢管)、硬质聚氯乙烯管时,其管身应光滑、无伤痕,管孔无变形,孔径、壁厚应符合设计要求。

（3）管道采用水泥管块时,应按通信管道工程施工及验收中相关规定进行检验。

（4）各种铁件的材质、规格均应符合质量标准,不得有歪斜、扭曲、飞刺、断裂或破损。

（5）铁件的表面处理和镀层应均匀、完整,表面光洁,无脱落、气泡等缺陷。

4）缆线的检验

（1）工程使用的对绞电缆和光缆型式、规格应符合设计的规定和合同要求。

（2）电缆所附标志、标签内容应齐全、清晰。

（3）电缆外护线套需完整无损,电缆应附有出厂质量检验合格证。如用户要求,应附有本批量电缆的技术指标。

（4）电缆的电气性能抽验应从本批量电缆中的任意三盘中各截出100m,加上工程中所选用的接插件进行抽样测试,并做测试记录。

（5）光缆开盘后应先检查光缆外表有无损伤,光缆端头封装是否良好。

（6）综合布线系统工程采用光缆时,应检查光缆合格证及检验测试数据,在必要时,可测试光纤衰减和光纤长度。

（7）光纤接插软线(光跳线)检验应符合规定。

5）接插件的检查

（1）配线模块和信息插座及其他接插件的部件应完整,检查塑料材质是否满足设计要求。

（2）保证单元过压、过流保护各项指标应符合有关规定。

（3）光纤插座的连接器使用型式和数量、位置应与设计相符。

（4）光纤插座面板应有表示发射(TX)或接收(RX)的明显标志。

6）对绞电缆与配线设备的检查

（1）对绞电缆电气性能、机械特性、光缆传输性能及接插件的具体技术指标和要求,应符合设计要求。

（2）光、电缆交接设备的型式、规格应符合设计要求。

（3）光、电缆交接设备的编排及标志名称应与设计相符。各类标志应统一,标志位置正确、清晰。

2. 施工工艺检验

1）机柜、机架的安装工艺检验

（1）机柜、机架安装完毕后,垂直偏差度应不大于3mm。机柜、机架安装位置应符合设计要求。

(2) 机柜、机架上的各种零件不得脱落或碰坏,漆面如有脱落应予以补漆,各种标志应完整、清晰。

(3) 机柜、机架的安装应牢固,如有抗震要求时,应按施工图的抗震设计进行加固。

2) 配线部件的安装检验

(1) 各部件应完整,安装就位,标志齐全。

(2) 安装螺丝必须拧紧,面板应保持在一个平面上。

3) 8位模块式通用插座的安装检验

(1) 安装在活动地板或地面上,应固定在接线盒内,插座面板采用直立和水平等形式;接线盒盖可开启,并应具有防水、防尘、抗压功能。接线盒盖面应与地面齐平。安装在墙体上,宜高出地面300mm。如地面采用活动地板时,应加上活动地板内的净高尺寸。

(2) 8位模块式通用插座、多用户信息插座或集合点配线模块,安装位置应符合设计的要求。

(3) 8位模块式通用插座底座盒的固定方法按施工现场条件而定,宜采用预置扩张螺丝钉固定等方式。

(4) 固定螺丝需拧紧,不应产生松动现象。

(5) 各种插座面板应有标识,以颜色、图形、文字表示所接终端设备类型。

4) 电缆桥架及线槽的安装检验

(1) 桥架及线槽的安装位置应符合施工图规定,左右偏差不应超过50mm。

(2) 桥架及线槽水平度每米偏差不应超过2mm。

(3) 垂直桥架及线槽应与地面保持垂直,并无倾斜现象,垂直度偏差不应超过3mm。

(4) 线槽截断处及两线槽拼接处应平滑、无毛刺。

(5) 吊架和支架安装应保持垂直,整齐牢固,无歪斜现象。

(6) 金属桥架及线槽节与节间应接触良好,安装牢固。

5) 接地体检验

机柜、机架、配线设备的屏蔽层及金属钢管、线槽使用的接地体应符合设计要求,就近接地,并应保持良好的电气连接。

6) 机柜机架及设备安装检验

(1) 安装机架面板,架前应留有1.5m的空间,机架背面离墙的距离应大于0.8m,以便于安装和施工操作。

(2) 壁挂式机柜的底面距地面宜为300~800mm。

(3) 配线架采用下走线方式时,架底位置应与电缆上线孔相对应。

(4) 配线架各直列垂直倾斜误差不应大于3mm,底座水平误差不应大于$2mm/m^2$。

(5) 配线架接线端子各种标志应齐全。

(6) 交接箱或暗线箱宜暗设在墙体内。预留墙洞安装,箱底高出地面宜为500~1000mm。

3. 缆线的敷设和保护方式检验

1) 缆线的敷设检验

(1) 缆线的型式、规格应与设计规定相符。

(2) 缆线的布放应自然平直,不得产生扭绞、打圈接头等现象,不应受外力的挤压和损伤,缆线两端应贴有标签,应标明编号,标签书写应清晰、端正和正确。标签应选用不易损坏的材料。

(3) 缆线终接后,应有余量。交接间、设备间对绞电缆预留长度宜为 0.5~1m;工作区为 10~30mm;光缆布放宜盘留,预留长度宜为 3~5m,有特殊要求的应按设计要求预留长度,缆线的弯曲半径应符合规定。

(4) 在牵引缆线过程中,吊挂缆线的支点间距不应大于 1.5m,布放缆线的牵引力,应小于缆线允许张力的 80%,对光缆瞬间最大牵引力不应超过光缆允许的张力。以牵引方式敷设光缆时,主要牵引力应加在光缆的加强芯上。

(5) 缆线布放过程中为避免受力和扭曲,应制作合格的牵引端头。如采用机械牵引时,应根据牵引的长度、布放环境、牵引张力等因素选用集中牵引或分散牵引等方式。

(6) 布放光缆时,光缆盘转动应与光缆布放同步,光缆牵引的速度一般为 15m/min。光缆出盘处要保持松弛的弧度,并留有缓冲的余量,又不宜过多,避免线缆出现背扣。

(7) 电源线、综合布线系统缆线应分隔布放,缆线间的最小净距应符合设计要求。

2) 保护措施

(1) 配线子系统缆线敷设保护应满足以下要求。

① 预埋金属线槽保护要求如下。

a. 在建筑物中预埋线槽,宜按单层设置,每一路由预埋线槽不应超过 3 根,线槽截面高度不宜超过 25mm,总宽度不宜超过 300mm。

b. 线槽直埋长度超过 30m 或在线槽路由交叉、转弯时,宜设置过线盒,以便于布放缆线和维修。

c. 过线盒盖能开启,并与地面齐平,盒盖处应具有防水功能。

d. 过线盒和接线盒盒盖应能抗压。

e. 从金属线槽至信息插座接线盒间的缆线宜采用金属软管敷设。

② 预埋暗管保护要求如下。

a. 预埋在墙体中间的最大管径不宜超过 50mm,楼板中暗管的最大管径不宜超过 25mm。

b. 直线布管每 30m 处应设置过线盒装置。

c. 暗管的转弯角度应大于 90°,在路径上每根暗管的转弯角度不得多于 2 个,并不应有 S 弯出现,有弯头的管段长度超过 20m 时,应设置管线过线盒装置;在有 2 个弯时,不超过 15m 应设置过线盒。

d. 暗管转弯的曲率半径不应小于该管外径的 6 倍,当暗管外径大于 50mm 时,不应小于该管外径的 10 倍。

e. 暗管管口应光滑,并加有护口保护,管口伸出部位宜为 25~50mm。

③ 网络地板缆线敷设保护要求如下。

a. 线槽之间应沟通。

b. 线槽盖板应可开启,并采用金属材料。

c. 主线槽的宽度由网络地板盖板的宽度而定,一般宜在 200mm 左右,支线槽宽不宜小于 70mm。

  d. 地板块应抗压、抗冲击和阻燃。

  e. 铺设活动地板敷设缆线时,活动地板内净空应为 150～300mm。

 ④ 缆线桥架和缆线线槽保护要求如下。

  a. 桥架水平敷设时,支撑间距一般为 1.5～3m,垂直敷设时固定在建筑物构体上的间距宜小于 2m,距地 1.8m 以下部分应加金属盖板保护。

  b. 金属线槽敷设时,设置支架或吊架的位置有线槽接头处、每间距 3m 处、离开线槽两端出口 0.5m 处、转弯处。

  c. 塑料线槽槽底固定点间距一般宜为 1m。

(2) 工作区缆线敷设保护应满足以下要求。

 ① 在工作区的信息点位置和缆线敷设方式未定的情况下,在工作区宜设置交接箱,每个交接箱的服务面积约为 80m^2。

 ② 信息插座安装于桌旁,其距地面尺寸可为 300mm 或 1200mm。

 ③ 信息插座安装在办公桌隔板架上时,要注意与电源插座的位置不要太近。

 ④ 金属线槽接地应符合设计要求。

 ⑤ 金属线槽、缆线桥架穿过墙体或楼板时,应有防火措施。

(3) 干线缆线敷设保护应满足以下要求。

 ① 缆线不得布放在电梯或供水、供气、供暖管道竖井中,亦不应布放在强电竖井中。

 ② 干线通道间应沟通。

 ③ 建筑群子系统缆线敷设保护方式应符合设计要求。

 ④ 光缆应装于保护箱内。

4. 缆线终接方式检验

(1) 缆线终接的检验要求如下。

 ① 缆线在终接前,必须核对缆线标识内容是否正确。

 ② 缆线中间不允许有接头。

 ③ 缆线终接处必须牢固、接触良好。

 ④ 缆线终接应符合设计和施工操作规程。

 ⑤ 对绞电缆与插接件的连接应认准线号、线位色标,不得颠倒或错接。

(2) 对绞电缆芯线终接要求如下。

 ① 终接时,每对对绞线应保持扭绞状态,扭绞松开长度对于 5 类线不应大于 13mm。

 ② 对绞电缆芯线在与 8 位模块式通用插座相连时,必须按色标和线对顺序进行卡接。插座类型、色标和编号应符合 T568A 和 T568B 两种连接的规定,在同一布线工程中两种连接方式不应混合使用。

 ③ 屏蔽对绞电缆的屏蔽层与接插件终接处屏蔽罩必须可靠接触,缆线屏蔽层应与接插件屏蔽罩 360°圆周接触,接触长度不宜小于 10mm。

(3) 光缆芯线终接要求如下。

 ① 采用光纤连接盒对光纤进行连接、保护,在连接盒中光纤的弯曲半径应符合安装

工艺要求。

② 光纤熔接处应加以保护和固定,使用连接器,以便于光纤的跳接。

③ 光纤连接盒面板应有标志。

④ 光纤连接损耗值,应符合设计要求及综合布线标准的规定。

(4) 跳线的终接要求如下。

① 各类跳线缆线和接插件间接触应良好,接线无误,标志齐全。跳线选用类型应符合系统设计要求。

② 各类跳线长度应符合设计要求,一般对绞电缆跳线不应超过5m,光缆跳线不应超过10m。

2.4.4 工程电气测试

工程电气测试包括电缆系统电气性能测试和光纤系统性能测试。

电缆系统电气性能测试项目应根据布线信道或链路的设计等级和布线系统的类别要求制定,3类和5类布线系统按照基本链路和信道链路进行测试,5e类和6类布线系统按照永久链路和信道链路进行测试,测试记录内容和形式参考表2-4和表2-5。

工程电气测试的基本要求如下。

(1) 电气性能测试仪按二级精度要求,测试仪精度最低性能要求见表2-10。

表2-10 测试仪精度最低性能要求

序号	性能参数	1~100兆赫(MHz)
1	随机噪声最低值	65~15log(f100)dB
2	剩余近端串音(NEXT)	55~15log(f100)dB
3	平衡输出信号	37~15log(f100)dB
4	共模抑制	37~15log(f100)dB
5	动态精确度	±0.75dB 注
6	长度精确度	±1m±4%
7	回损	15dB

(2) 现场测试仪应能测试3类、5类对绞电缆布线系统及光纤链路。

(3) 对于光缆链路的测试,首选在两端对光纤进行测试的连接方式,如果按2根光纤进行环回测试,对于所测得的指标应换算成单根光纤链路的指标来验收。

(4) 100m以内大对数主干电缆及所连接的配线模块可按布线系统的类别进行长度、接线图、衰减的测试。对于5类大对数电缆布线系统应测试近端串音,测试结果不得低于5类4对对绞电缆布线系统所规定的数值。

(5) 测试仪表应有输出端口,以将所有存贮的测试数据输出至计算机和打印机,进行维护和文档管理。

(6) 电缆、光缆测试仪表应具有合格证及计量证书。

本 章 小 结

通过本章的学习,应掌握综合布线系统工程设计的过程与方法,熟悉综合布线系统工程施工、工程测试与工程验收的相关内容与要求。重点掌握综合布线系统工程设计中各子系统的设计要点。

习 题

(1) 简述我国综合布线技术标准的应用与发展历程。
(2) 简述建筑群子系统、干线子系统和配线子系统的设计要点,以及水平缆线的计算方法。
(3) 简述电信间、设备间子系统的场地条件要求。二者之间的异同点有哪些?
(4) 简述综合布线系统工程电气防护与接地、防火等安全设计的内容。
(5) 简述综合布线系统工程施工前的准备工作内容。
(6) 简述施工进度计划和施工组织计划的编制。
(7) 简述综合布线系统工程施工中线缆敷设的方法。系统设备与连接器件的安装注意事项有哪些?

实践作业2：综合布线系统工程设计基础

本实践需下载 GB/T 50311 标准，按照系统设计和配置设计的要求，完成综合布线工程的设计工作。本实践以工作小组为单位，需完成以下实践目标。
（1）熟悉 GB/T 50311 系统设计及配置设计的相关内容。
（2）以教学楼/宿舍楼为对象进行综合布线系统工程设计。
（3）了解楼层平面布线图和建筑物干线布线图的绘制要求。
（4）了解设备间和电信间布局图的绘制要求。
（5）了解建筑群子系统布线路由图的绘制要求。
请将实践过程和小结填入下表。

实践作业 2	
工作小组	
工机具要求	
工作过程	
工作小结	
工作成绩	
指导教师		成绩评定	

实践作业 3：综合布线系统工程施工基础

下载并学习 GB/T 50312 标准，结合实际工程项目，参考相关工程资料，并以工作小组为单位，完成以下实践目标。
（1）熟悉 GB/T 50312 标准中关于工程施工部分的相关条文。
（2）熟悉综合布线系统工程施工管理的内容及实现。
（3）熟悉工程施工中的设备安装、缆线敷设及线缆端接的工作内容。
（4）熟悉工程测试的内容与方法。
（5）了解工程验收的过程及竣工技术文档的编制。
请将实践过程和小结填入下表。

实践作业 3

工作小组	
工机具要求	
工作过程	
工作小结	
工作成绩	
指导教师		成绩评定	

第 3 章　综合布线系统工程实训基础

学习目标：
(1) 熟悉常用布线材料的品种与规格，并在工程中正确选购使用。
(2) 掌握综合布线系统总体方案和各子系统的设计方法。
(3) 能根据设计方案和工程规范组织工程施工。
(4) 了解工程项目管理与工程监理的内容和方法。
(5) 掌握现场工程测试与验收的内容和过程。
(6) 了解竣工文档的内容及编制。

3.1　设备与材料认识实训

1．目的与要求

通过实训，认识综合布线工程中常用布线材料的品种与规格，并在工程中正确选购使用。

2．实训内容

(1) 认识双绞线。
(2) 认识光缆。
(3) 认识双绞线端接设备。
(4) 认识光缆端接设备。
(5) 认识线槽、管及配件、桥架。
(6) 认识机柜。
(7) 认识其他小件材料。

3．实训内容与过程

(1) 在综合布线实训室，通过实物演示讲解以下材料。

① 5e 类和 6 类 UTP、大对数双绞线(25 对、50 对、100 对)、STP 和 FTP 双绞线。

② 单模和多模光纤、室内与室外光纤、单芯与多芯光纤。

③ 信息模块和免打信息模块、24 口 RJ45 配线架。

④ ST 头、SC 头、光纤耦合器、光纤终端盒、光纤收发器、交换机光纤模块。

⑤ 镀锌线槽及配件(水平三通、弯通、上垂直三通等)、PVC 线槽及配件(阴角、阳角等)、管、梯形桥架。

⑥ 立式机柜、壁挂式机柜。

⑦ 膨胀螺栓、标记笔、捆扎带、木螺钉等。

以清华易训综合布线实物展示柜为例,如图 3-1 所示,完成实践作业 4。

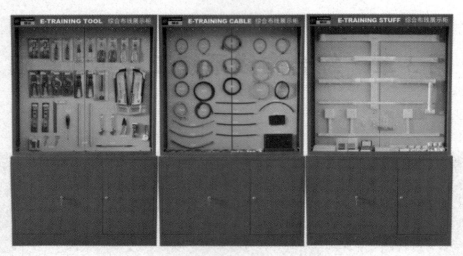

图 3-1 清华易训综合布线实物展示柜

(2) 到网络综合布线系统工程现场参观,认识以上材料在工程中的使用,建议参观学校网络中心机房。

3.2 综合布线系统工程设计实训

本实训分为工作区子系统设计、水平子系统设计、垂直子系统设计、管理间子系统设计、设备间子系统设计、建筑群子系统设计、总体方案设计七部分。通过本实训,可掌握综合布线系统总体方案和各子系统的设计方法。

3.2.1 工作区子系统实训

工作区子系统提供从水平子系统端接设施到设备的信号连接,通常由连接线缆、网络跳线和适配器组成。用户可以将电话、计算机和传感器等设备连接到线缆插座上,插座通常由标准网络和电话信息模块等组成,能够完成从建筑物自控系统的弱点信号到高速数据网络数据网和数字语音信号等各种复杂信息的传送。

1. 实训内容

工作区子系统的实训内容主要包括 RJ45 水晶头的压制、墙体信息插座的安装、线槽走线等。

2. 实训材料

实训材料包括:双绞线线缆、Φ20PVC 线槽、三通、信息插座、各种塑料线扎(管卡)、M6 螺丝若干、PVC 管子割刀、弯管器、电动起子(或螺丝刀)。本实训所用的清华易训综合布线模拟实训墙工作区和管理间子系统如图 3-2 所示。

3. 实训步骤

在开始实训之前,学生使用清华易训 PDS 网络综合布线展示柜所列的压线工具,安

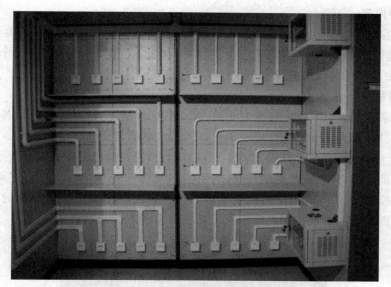

图 3-2 清华易训综合布线模拟实训墙工作区和管理间子系统

装前面所述的 RJ45 水晶头的压制方法,先制作实训所需的水晶头。

接下来的实训步骤以清华易训 PDS 网络实训墙演示子系统为例。

(1) 观察、测量清华易训 PDS 网络实训墙的结构、螺纹安装尺寸,设计工作区布线子系统的布线方式和信息插座安装、位置、数量。

(2) 实训材料准备。测量、计算完成设计工作后,按照要求,准备 Φ20PVC 线槽、三通、信息插座、各种塑料线扎,M6 螺丝的准确数量和长度。

(3) 用弯管器将 Φ20PVC 线槽折弯成所需要的长度和形状。

(4) 用手动电钻将料线扎固定在设计好的螺孔位置。

(5) 将裁减、折弯好的 PVC 线槽敷设到设计好的位置,将塑料线扎捆好,安装三通。

(6) 将裁减合适长度的双绞线敷设到线槽中。

(7) 将信息插座安装在设计好的位置。

(8) 按照前面的接线方式,将信息插座的线缆连接好,线缆另外一端按照 T568B 接法连接到管理间的 RJ45 配线架上。

3.2.2 水平子系统实训

水平主干子系统提供楼层配线间至用户工作区的通信干线和端接设施。水平主干线通常使用屏蔽双绞线和非屏蔽双绞线,也可以根据需要选择光缆。端接设施主要是相应通信设备和线路端接插座。对于利用双绞线构成的水平主干子系统,通常最远延伸距离不能超过 90m。

水平干线子系统的线缆从楼层配线架连接到各个楼层各工作区的信息插座上。在设计时,必须根据建筑物的结构特点、楼层房间平面布置和通信引出端的分布情况,从线缆长度最短、工程造价最低、安装施工最方便和符合布线施工标准等多方面考虑。

1. 实训内容

实训内容包括：确定水平干线子系统的线路走向，确定线缆、管槽、线管的数量和类型，确定电缆的类型和长度，信息插座的类型和安装。使用清华易训 PDS 网络综合布线展示柜所列的压线工具，来进行水平干线子系统的实训工作。

2. 实训材料

水平子系统实训材料有：双绞线线缆、Φ20PVC 线槽、三通、信息插座、各种塑料线扎（管卡）若干、M6 螺丝若干、PVC 管子割刀、弯管器、电动起子（或螺丝刀）。

3. 实训步骤

以下实训步骤，均以清华易训 PDS 网络实训墙演示子系统为例进行实训举例学习。学生可以模拟在易训 PDS 网络实训墙上合理设计自己的水平干线子系统的线缆敷设方式。清华易训综合布线模拟实训墙水平子系统如图 3-3 所示。

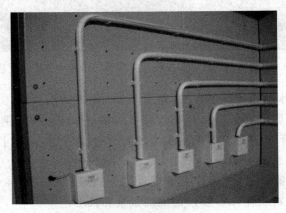

图 3-3　清华易训综合布线模拟实训墙水平子系统

（1）观察、测量清华易训 PDS 网络实训墙的结构，螺纹安装尺寸，设计水平子系统的布线方式、线缆走向，以及信息插座安装、位置、数量。

（2）实训材料准备。测量、计算完成设计工作后，按照要求，准备 Φ20PVC 线槽、三通、信息插座、各种塑料线扎、M6 螺丝的准确数量和长度。

（3）用弯管器将 Φ20PVC 线槽折弯成所需要的长度和形状。

（4）用手动电钻将塑料线扎固定在设计好的螺孔位置。

（5）将裁减、折弯好的 PVC 线槽敷设到设计好的位置，将塑料线扎捆好，安装三通。

（6）将裁减合适长度的双绞线敷设到线槽中。

（7）将信息插座安装在设计好的位置。

（8）按照前面的接线方式，将信息插座的线缆连接好，线缆另外一端按照 T568B 接法连接到管理间的 RJ45 配线架上。

注意：水平子系统实训和工作区子系统实训可以结合进行。

3.2.3　垂直子系统实训

垂直子系统是建筑物中最重要的通信干道，垂直子系统的任务是通过建筑物内部垂直方向的传输电缆,把各个管理区的信号传送到设备间,再经公共出口传送到外网。

垂直子系统提供建筑物内信息传输的主要路由,是综合布线系统的主动脉。通信介质通常为大对数线缆或者多芯光缆,安装在建筑物的弱电竖井内。垂直子系统提供多条连接路径,将位于主控中心的设备和位于各个楼层的配线间的设备连接起来。两端分别端接在设备间和楼层配线间的配线架上。垂直子系统的线缆的最大延伸距离与所采用的线缆有关。

1. 实训内容

垂直子系统由水平子系统、设备间子系统、管理间子系统的引入设备之间的相互连接的电缆组成。具体要求如下。

(1) 垂直子系统基本要求;
(2) 垂直子系统线缆类型选择;
(3) 垂直子系统的布线距离;
(4) 垂直子系统的接合方法;
(5) 垂直子系统的布线路由。

本实训要确定垂直子系统干线要求,确定从模拟楼层设备间到管理间的干线电缆路由,确定干线间的连接方法,确定干线电缆的长度尺寸。

2. 实训材料

实训材料包括:双绞线线缆、Φ20PVC线槽、三通、各种塑料线扎(管卡)若干、M6螺丝若干、PVC管子割刀、弯管器、电动起子(或螺丝刀)、梯子。

3. 实训步骤

以下实训步骤,均以清华易训PDS网络实训墙演示子系统为例进行学习。清华易训PDS网络综合布线系统实训模拟垂直子系统如图3-4所示。

图 3-4　清华易训PDS网络综合布线系统实训模拟垂直子系统

(1) 观察、测量清华易训 PDS 网络实训墙的结构。

(2) 观察、测量清华易训 PDS 网络实训系统顶部桥架的结构。

(3) 测量,确定从管理间机柜到设备间机柜线缆的走向、数量、长度尺寸。

(4) 实训材料准备。测量、计算完成设计工作后,按照要求,准备相应线缆、各种塑料线扎的准确数量和长度。

(5) 准备扶梯,按照教师要求,进行布线工作。

(6) 按照前面的接线方式,将线缆一端连接在管理间配线架或交换机端口上,另外一端连接在设备间子系统的主机柜的配线架端口上。

注意:在清华易训 PDS 网络实训系统顶部作业时,注意施工安全,理解水平方向桥架线缆走向为垂直干线子系统。

3.2.4 管理间子系统实训

在综合布线系统中,管理间子系统又称为电信间子系统,是垂直子系统和水平子系统的连接管理系统,由通信线路相互连接设施和设备组成,通常设置在专门为楼层服务的电信配线间内,包括双绞线配线架、跳线。在需要有光纤的布线系统中,还应有光纤配线架和光纤跳线。当终端设备位置或者局域网的结构变化时,只要改变跳线方式即可解决,而不需要重新布线。

1. 实训内容

(1) 交接管理;

(2) 标识管理;

(3) 连接件管理;

(4) 实训要点:确定线缆在配线间的接线走向和方式,确定管理子系统的标志方法。

2. 实训材料

实训材料包括:双绞线线缆、Φ20PVC 线槽、三通、信息插座、各种塑料线扎(管卡)、M6 螺丝若干、PVC 管子割刀、弯管器、电动起子(或螺丝刀)、压线钳、标签。

3. 实训步骤

以下实训步骤均以清华易训 PDS 网络实训墙演示子系统为例进行学习。清华易训 PDS 网络综合布线系统实训模拟管理间子系统如图 3-5 所示。具体实训步骤如下。

(1) 观察、测量清华易训 PDS 网络实训墙的结构。

(2) 观察、测量清华易训 PDS 网络实训系统管理间悬挂机柜的结构。

(3) 测量,确定从水平子系统到管理间子系统的悬挂机柜线缆的走向、数量、长度尺寸。

(4) 实训材料准备。测量、计算完成设计工作后,按照要求,准备相应线缆、各种塑料线扎的准确数量和长度。

(5) 按照设计的线缆走向,敷设线缆到机柜。

(6) 用压线钳将线缆连接在机柜内部的 RJ45 网络配线架的相应端口上,并制作对应的布线标识标签。

图 3-5　清华易训 PDS 网络综合布线系统实训模拟管理间子系统

3.2.5　设备间子系统实训

设备间子系统是结构化布线系统的管理中枢,整个建筑物的各个信号都经过各类通信电缆汇集到该系统。设备间是集中安装大型通信设备、主配线架和进出线设备并进行综合布线系统管理维护的场所,通常位于大楼的中间部位。

具备一定规模的结构化布线系统通常设立集中安置设备的主控中心,即通常所说的网络中心机房或者信息中心机房。计算机局域网主干通信设备、各种公共网络服务器和电话程控交换机设备等公共设备都安装在这里。为方便设备的搬运和各系统的接入,设备间的位置通常选定在每一座大楼的第 1、2 层或者第 3 层。

设备间子系统由电缆、连接器和相关支撑硬件组成。设备间的主要设备包括数字程控交换机、大型计算机、服务器、网络设备和不间断电源等。

1. 实训内容

设备间是综合布线系统的关键部分,因为它是外界引入(包括公用通信网或建筑群子系统群体主干线)和楼内布线的交汇点,所以设备间的位置确定很重要。设备间的位置选择应考虑以下几个因素。

(1) 应尽量位于干线综合体的中间位置,以使干线线路路由最短。

(2) 应尽可能靠近建筑物电缆引入区和网络接口。

(3) 应尽量靠近电梯,以便搬运大型设备。

(4) 应尽量远离高强振动源、强噪声源、强电磁场干扰源和易燃易爆源。

（5）设备间应该能为将来可能安装的设备提供足够的空间，还要考虑接地、防静电、消防等方面的安全方案。

（6）设备间的位置应该选择在环境安全、通风干燥、清洁明亮和便于维护管理的地方。设备间的附近或上方不应有渗漏水源，设备间不应存放易腐蚀、易燃、易爆物品。

（7）设备间的位置应便于安装接地装置，根据房屋建筑的具体条件和通信网络的技术要求，按照接地标准选用切实有效的接地方式。

（8）楼群（或大楼）主交换间（MC）宜选在楼群中最主要的一座大楼内，且最好离公用电信网接口最近，若条件允许，最好将主交换间与大楼设备合二为一。

2．实训材料

实训材料包括：双绞线线缆、Φ20PVC 线槽、三通、信息插座、各种塑料线扎（管卡）若干、M6 螺丝若干、PVC 管子割刀、弯管器、电动起子（或螺丝刀）、压线钳、标签。

3．实训步骤

以下实训步骤，均以清华易训 PDS 网络实训墙演示子系统为例进行学习。清华易训 PDS 网络综合布线系统实训模拟设备间子系统如图 3-6 所示。

图 3-6　清华易训 PDS 网络综合布线系统实训模拟设备间子系统

（1）观察、测量清华易训 PDS 网络实训墙的结构。

（2）观察、测量清华易训 PDS 网络实训系统设备间机柜的结构。

（3）测量、确定从垂直干线子系统到设备间子系统的主机柜线缆的走向、数量、长度尺寸。

（4）实训材料准备。测量、计算完成设计工作后，按照要求，准备相应线缆、各种塑料线扎的准确数量和长度。

（5）按照设计的线缆走向，敷设线缆到机柜。

（6）用压线钳将线缆连接在设备间主机柜内部的 RJ45 网络配线架的相应端口上，并制作对应的布线标识标签。

3.2.6 建筑群子系统实训

建筑群子系统由两座及两座以上建筑物组成,这些建筑物彼此之间要进行信息交换。综合布线的建筑群干线子系统的作用,是构建从一座建筑延伸到建筑群内的其他建筑物的标准通信连接。系统组成包括连接各建筑物之间的电缆、建筑群综合布线所需的各种硬件(如电缆、光缆和通信设备、连接部件以及电气保护设备等)。

1. 实训内容

观察、测量建筑群区域的结构,以及从设备间子系统到建筑群子系统的主机柜光缆走向、数量、长度尺寸,然后按照要求准备相应光缆的准确数量和长度,进行连接。

2. 实训材料

实训材料包括:双绞线线缆、Φ20PVC 线槽、三通、信息插座、各种塑料线扎(管卡)若干、M6 螺丝若干、PVC 管子割刀、弯管器、电动起子(或螺丝刀)、压线钳、标签。

3. 实训步骤

以下实训步骤,均以清华易训 PDS 网络实训墙演示子系统为例进行学习。清华易训 PDS 网络综合布线系统实训模拟建筑群子系统如图 3-7 所示。

图 3-7　清华易训 PDS 网络综合布线系统实训模拟建筑群子系统

(1) 观察、测量清华易训 PDS 网络实训墙的结构。

(2) 观察、测量清华易训 PDS 网络实训系统设备间机柜的结构。

(3) 观察、测量清华易训 PDS 网络实训系统建筑群区域机柜的结构。

(4) 测量,确定从设备间子系统到建筑群子系统的主机柜光缆的走向、数量、长度尺寸。

(5) 实训材料准备。测量、计算完成设计工作后,按照要求,准备相应光缆的准确数量和长度。需要熔接的,进行熔接实训。

(6) 按照设计的线缆走向,敷设光纤线缆到机柜。

(7) 将光纤跳线连接在设备间主机柜内部的光纤配线架的相应端口上,并制作对应的布线标识标签。

3.3 综合布线系统工程施工实训

通过实训,学生能根据设计要求和工程规范组织施工,掌握常用布线工具的使用方法;掌握线槽、管的敷设技术,线缆施工技术,双绞线端接技术,光纤端接与交连技术;熟悉工程项目管理与工程监理的内容和方法。

3.3.1 常用施工工具的使用

常用施工工具包括电工工具箱、冲击钻、台钻、切割机、角磨机等。

1. 切割机、台钻操作规程

(1) 切割机、台钻必须按使用说明规范操作;
(2) 学生须经实验教师同意方可操作,否则后果自负;
(3) 使用前应检查机器,保证机器接地良好、不漏电,砂轮片完整、无裂纹;
(4) 开机后先空运转一分钟左右,判断运转正常后方可使用;
(5) 注意:不能碰撞、移动切割机。使用时,注意周围环境,不许打闹;
(6) 台钻运行时,工件应用台钳夹持好,装好钻头,注意速度。单人操作,不能戴手套;
(7) 设备使用结束后,切断电源,放好工具,打扫干净方可离去。

2. 角磨机(打磨器)操作规程

(1) 戴保护眼罩;
(2) 打开开关之后,要等待砂轮转动稳定后才能工作;
(3) 长头发同学一定要先把头发扎起来;
(4) 切割方向不能对着人;
(5) 连续工作半小时后要停十五分钟;
(6) 不能用手捏住小零件用角磨机进行加工;
(7) 工作完成后自觉清洁工作环境。

3.3.2 线槽、线管的施工

在布线路由确定以后,首先要考虑线槽或线管的铺设,管槽从使用材料角度分为金属槽、管和塑料(PVC)槽、管。从布槽管范围角度分工作区管槽、水平干线管槽、垂直干线管槽。

1. 金属管的铺设

1) 金属管的加工要求

综合布线工程使用的金属管应符合设计文件的规定,表面不应有穿孔、裂缝和明显的凹凸不平,内壁应光滑,不允许有锈蚀。在易受机械损伤的地方和在受力较大处直埋时,应采用足够强度的管材。

金属管的加工应符合下列要求:

(1) 为了防止在穿电缆时划伤电缆,管口应无毛刺和尖锐棱角;
(2) 为了减小直埋管在沉陷时管口处对电缆的剪切力,金属管口宜做成喇叭形;
(3) 金属管在弯制后,不应有裂缝和明显的凹瘪现象。弯曲程度过大,将减小金属管的有效管径,造成穿设电缆困难;
(4) 金属管的弯曲半径不应小于所穿入电缆的最小允许弯曲半径;
(5) 镀锌管锌层剥落处应涂防腐漆,可增加使用寿命。

2) 金属管切割套丝

在配管时,应根据实际需要长度,对管子进行切割。管子的切割可使用钢锯、管子切割刀或电动机切管机,严禁用气割。管子和管子连接,管子和接线盒、配线箱连接,都需要在管子端部进行套丝。焊接钢管套丝,可用管子绞板(俗称代丝)或电动套丝机。硬塑料管套丝,可用圆丝板。套丝时,要将管子固定压紧。若使用电动套丝机,可提高工效。套完丝后,应随时清扫管口,将管口端面和内壁的毛刺用锉刀锉光,使管口保持光滑,以免割破线缆绝缘护套。

3) 金属管弯曲

在敷设金属管时应尽量减少弯头。每根金属管的弯头不应超过 3 个,直角弯头不应超过 2 个,并不应有 S 弯出现。弯头过多,将造成穿电缆困难。对于较大截面的电缆不允许有弯头。当实际施工中不能满足要求时,可采用内径较大的管子或在适当部位设置拉线盒,便于线缆的穿设。金属管的弯曲一般都用弯管器实现。先将管子需要弯曲部位的前段放在弯管器内,焊缝设在弯曲方向的背面或侧面,以防管子弯扁,然后用脚踩住管子,用手扳弯管器进行弯曲,并逐步移动弯管器,即可得到所需要的弯度。弯曲半径应符合下列要求:

(1) 明配时,一般不小于管外径的 6 倍;只有一个弯时,可不小于管外径的 4 倍;整排钢管在转弯处,宜弯成同心圆的弯;
(2) 暗配时,不应小于管外径的 6 倍;敷设于地下或混凝土楼板内时,不应小于管外径的 10 倍。

4) 金属管的连接要求

金属管连接应牢固,密封应良好,两管口应对准。套接的短套管或带螺纹的管接头的长度不应小于金属管外径的 2.2 倍。金属管的连接采用短套接时,施工简单方便;采用管接头螺纹连接则较为美观,保证金属管连接后的强度。无论采用哪一种方式均应保证牢固、密封。金属管进入信息插座的接线盒后,暗埋管可用焊接固定,管口进入盒的露出长度应小于 5mm。明设管应用锁紧螺母或管帽固定,露出锁紧螺母的丝扣为 2~4 扣。引至配线间的金属管管口位置,应便于与线缆连接。并列敷设的金属管管口应排列有序,便于识别。

(1) 金属管的暗设列要求:预埋在墙体中间的金属管内径不宜超过 50mm,楼板中的管径宜为 15~25mm,直线布管 30m 处设置暗线盒。敷设在混凝土、水泥里的金属管,其地基应坚实、平整,不应有沉陷,以保证敷设后的线缆安全运行。金属管连接时,管孔应对准,接缝应严密,不得有水和泥浆渗入。管孔对准无错位,以免影响管路的有效管理,保证敷设线缆时穿设顺利。金属管道应有不小于 0.1% 的排水坡度。建筑群之间金属管的埋设深度不应小于 0.8m；在人行道下面敷设时，不应小于 0.5m。金属管内应安置牵引线或拉线。金属管的两端应有标记，表示建筑物、楼层、房间和长度。

(2) 金属管明敷要求：金属管应用卡子固定。这种固定方式较为美观，且在需要拆卸时方便拆卸。金属管的支持点间距，有要求时应按照规定设计。无设计要求时不应超过 3m。在距接线盒 0.3m 处，用管卡将管子固定。在弯头的地方，弯头两边也应用管卡固定。

(3) 光缆与电缆同管敷设时，应在暗管内预置塑料子管。将光缆敷设在子管内，使光缆和电缆分开布放。子管的内径应为光缆外径的 2.5 倍。

2. 金属槽的铺设

金属桥架多由厚度为 0.4～1.5mm 的钢板制成。与传统桥架相比，金属桥架具有结构轻、强度高、外形美观、无需焊接、不易变形、连接款式新颖、安装方便等特点，它是敷设线缆的理想配套装置。金属桥架分为槽式和梯式两类。槽式桥架是指由整块钢板弯制成的槽形部件；梯式桥架是指由侧边与若干个横档组成的梯形部件。桥架附件是用于直线段之间，直线段与弯通之间连接所必需的连接固定或补充直线段、弯通功能部件。支架、吊架是指直接支承桥架的部件。它包括托臂、立柱、立柱底座、吊架以及其他固定用支架。

为了防止金属桥架腐蚀，其表面可采用电镀锌、烤漆、喷涂粉末、热浸镀锌、镀镍锌合金纯化处理或采用不锈钢板。我们可以根据工程环境、重要性和耐久性，选择适宜的防腐处理方式。一般在腐蚀较轻的环境可采用镀锌冷轧钢板桥架；在腐蚀较强的环境可采用镀镍锌合金纯化处理桥架，也可采用不锈钢桥架。综合布线中所用线缆的性能，对环境有一定的要求。为此，在工程中常选用有盖无孔型槽式桥架（简称线槽）。

1) 线槽安装要求

安装线槽应在土建工程基本结束以后，与其他管道（如风管、给排水管）同步进行，也可比其他管道稍迟一段时间安装。但尽量避免在装饰工程结束以后进行安装，造成敷设线缆的困难。安装线槽应符合下列要求：

(1) 线槽安装位置应符合施工图规定，左右偏差视环境而定，最大不超过 50mm；

(2) 线槽水平度每米偏差不应超过 2mm；

(3) 垂直线槽应与地面保持垂直，并无倾斜现象，垂直度偏差不应超过 3mm；

(4) 线槽节与节间用接头连接板拼接，螺丝应拧紧。两线槽拼接处水平偏差不应超过 2mm；

(5) 当直线段桥架超过 30m 或跨越建筑物时，应有伸缩缝。其连接宜采用伸缩连接板；

(6) 线槽转弯半径不应小于其槽内的线缆最小允许弯曲半径的最大值；

(7) 盖板应紧固，并且要错位盖槽板；

(8) 支吊架应保持垂直、整齐牢固、无歪斜现象。

为了防止电磁干扰，宜用辫式铜带把线槽连接到其经过的设备间，或楼层配线间的接地装置上，并保持良好的电气连接。

2) 水平子系统线缆敷设支撑保护要求

(1) 预埋金属线槽支撑保护要求如下：

① 在建筑物中预埋线槽可为不同的尺寸，按一层或二层设备，应至少预埋二根，线槽截面高度不宜超过 25mm。

② 线槽直埋长度超过 15m 或在线槽路由交叉、转变时宜设置拉线盒,以便布放线缆和维护。

③ 接线盒盖应能开启,并与地面齐平,盒盖处应采取防水措施。

④ 线槽宜采用金属引入分线盒内。

(2) 设置线槽支撑保护要求如下。

① 水平敷设时,支撑间距一般为 1.5～2m,垂直敷设时固定在建筑物构体上的间距宜小于 2m。

② 金属线槽敷设时,设置支架或吊架的位置有:线槽接头处、间距 1.5～2m、离开线槽两端口 0.5m 处、转弯处。

③ 塑料线槽底固定点间距一般为 1m。

3. PVC 塑料管的铺设

PVC 塑料管一般要求在工作区暗埋线槽,操作时要注意以下两点:

(1) 管转弯时,弯曲半径要大,便于穿线;

(2) 管内穿线不宜太多,要留有 50% 以上的空间。

4. 塑料槽的铺设

塑料槽的规格有多种,塑料槽的铺设与金属槽的铺设类似,但操作上有所不同。具体表现为以下 3 个方面:

(1) 在天花板吊顶打吊杆或托式桥架;

(2) 在天花板吊顶外采用托架桥架铺设;

(3) 在天花板吊顶外采用托架加配定槽铺设。

采用托架时,一般每间隔 1m 左右安装 1 个托架。采用固定槽时,一般每间隔 1m 左右安装 1 个固定点。

固定点是指槽底固定的位置。固定点的分布根据槽的大小确定。

(1) 25mm×20mm～25mm×30mm 规格的槽,一个固定点应有 2～3 个固定螺丝,并水平排列。

(2) 25mm×30mm 以上规格的槽,一个固定点应有 3～4 个固定螺丝,呈梯形状,使槽受力点分散分布。

(3) 除了固定点外应每隔 1m 左右,钻 2 个孔,用双绞线穿入,待布线结束后,把所布的双绞线捆扎起来。

水平干线、垂直干线布槽的方法是一样的,差别在一个是横布槽一个是竖布槽。

在水平干线与工作区交接处,不易施工时,可采用金属软管(蛇皮管)或塑料软管连接。

5. 槽管大小选择的计算方法

$$n = 槽(管)截面面积 \times 70\% \times (40\% \sim 50\%) / 线缆截面面积$$

其中,n 表示用户所要安装的线缆数量;70% 表示布线标准规定允许的空间;40%～50% 表示线缆之间浪费的空间。

3.3.3 线缆施工

1. 布线工程开工前的准备工作

网络布线工程经过调研并确定方案后,下一步就是工程的实施,而工程实施的第一步是开工前的准备工作,要求做到以下几点。

(1) 设计综合布线实际施工图。确定布线的走向位置。供施工人员、督导人员和主管人员使用。

(2) 备料。网络布线工程施工过程需要许多施工材料,这些材料有的必须在开工前就备好料,有的可以在开工过程中备料。备料主要有以下几种:①光缆、双绞线、插座、信息模块、服务器、稳压电源、集线器等落实购货厂商,并确定提货日期;②不同规格的塑料槽板、PVC防火管、蛇皮管、自攻螺丝等布线用料就位;③如果机柜是集中供电,则准备好导线、铁管并制定好电器设备安全措施(供电线路必须按民用建筑标准规范进行)。

(3) 向工程建设单位提交开工报告。

2. 施工过程中要注意的事项

(1) 施工现场督导人员要认真负责,及时处理施工进程中出现的各种情况,协调处理各方意见;

(2) 如果现场施工碰到不可预见的问题,应及时向工程单位汇报,并提出解决办法供工程单位当场研究解决,以免影响工程进度;

(3) 对工程单位计划不周的问题,要及时妥善解决;

(4) 对工程单位新增加的点要及时在施工图中反映出来;

(5) 对部分场地或工段要及时进行阶段检查验收,确保工程质量;

(6) 制订工程进度表。

在制订工程进度表时,要留有余地,还要考虑其他工程施工时可能对本工程带来的影响,避免出现不能按时完工、交工的问题。

3. 路由选择技术

两点间最短的距离是直线,但对于布线来说,它不一定就是最好的路由。在选择最容易布线的路由时,要考虑便于施工,便于操作,即使花费更多的线缆也要这样做。对一个有经验的安装者来说,"宁可使用额外的1000m线缆,而不使用额外的100工时",通常线缆要比劳力费用便宜。

布线路由要根据建筑结构及用户的要求来决定。选择好的路径时,布线设计人员要考虑以下几点:

(1) 了解建筑物的结构;

(2) 检查拉(牵引)线;

(3) 确定现有线缆的位置;

(4) 提供线缆支撑;

(5) 考虑拉线速度;

(6) 允许的最大拉力。拉力过大,线缆变形,将引起线缆传输性能下降。线缆最大允许的拉力:①一根4对线电缆,拉力为100N;②二根4对线电缆,拉力为150N;③三根4对线电缆,拉力为200N;④n根4对线电缆,拉力为$n\times 5+50$N。

不管多少根对线电缆,最大拉力不能超过400N。

4. 线缆牵引技术

用一条拉线(通常是一条绳)或一条软钢丝绳将线缆牵引穿过墙壁管路、天花板和地板管。标准的"4对"线缆很轻,通常不要求做更多的准备,只要将它们用电工胶带与拉绳捆扎在一起就行了。

如果牵引多条"4对"线缆穿过一条路由,可用下列方法:
(1) 将多条线缆聚集成一束,并使它们的末端对齐;
(2) 用电工胶带紧绕在线缆束外面,在末端外绕50~100mm;
(3) 将拉绳穿过电工胶带缠好的线缆,并打好结。

如果在拉线缆过程中,连接点散开了,则要收回线缆和拉绳重新制作更牢固的连接,为此,可以采取下列措施:
(1) 除去一些绝缘层以暴露出50~100mm的裸线;
(2) 将裸线分成两组(条);
(3) 将两条导线互相缠绕起来形成环;
(4) 将拉绳与环牢固连接并用电工带缠好。

5.建筑物主干线电缆连接技术

主干线电缆是建筑物的主要线缆,它为从设备间到每层楼上的管理间之间传输信号提供通路。在新建建筑物中,通常通过竖井通道或电缆孔进行线缆敷设。

在竖井中敷设主干线电缆一般有两种方式:
(1) 向下垂放电缆;
(2) 向上牵引电缆。

相比较而言,向下垂放电缆比向上牵引方式容易。

建筑物主干线电缆通常在弱电竖井等封闭型通道中布放。注意,不得在电梯、强电等竖井中布放。

6.建筑群间电缆线布线技术

在建筑群中敷设线缆,一般采用两种方法,即地下管道敷设和架空敷设。

(1) 管道内敷设线缆。在管道中敷设线缆时,有3种情况:①"小孔到小孔";②"在小孔间的直线敷设";③"沿着拐弯处敷设"。

可用人和机器设备来敷设线缆,到底采用哪种方法依赖于下列因素:①管道中有没有其他线缆;②管道中有多少拐弯;③线缆有多粗和多重。

(2) 架空敷设线缆。架空线缆敷设的一般步骤如下:①电杆以30~50m的间隔距离为宜;②根据线缆的质量选择钢丝绳,一般选8芯钢丝绳;③先接好钢丝绳;④架设光缆;⑤每隔0.5m架一挂钩。

7.建筑物内水平布线技术

建筑物内水平布线,可选用天花板、暗道、墙壁线槽等形式,在决定采用哪种方法之前,应到施工现场进行比较,从中选择一种最佳的施工方案。

1) 暗道布线
(1) 确定布线施工方案;
(2) 不要影响建筑物的美观;
(3) 拉线端,从管道的另一端牵引拉线就可使缆线达到配线间。

2) 天花板顶内布线

水平布线中常用的方法是在天花板吊顶内布线。具体施工步骤如下：

(1) 确定布线路由；

(2) 沿着所设计的路由，打开天花板；

(3) 假设要布放 24 条 4 对的线缆，到每个信息插座安装孔有 2 条线缆；可将线缆箱放在一起并使线缆接管嘴向上。每组有 6 个线缆箱，共有 4 组；

(4) 加标注。在箱上写标注，在线缆的末端注上标号；

(5) 从离管理间最远的一端开始，拉到管理间。

3) 墙壁线槽布线

在墙壁上布线槽一般遵循下列步骤：

(1) 确定布线路由；

(2) 沿着路由方向放线(讲究直线美观)。

3.3.4 双绞线电缆端接实训

1. 实训目的

通过实训，能够正确地选购和识别双绞线，掌握双绞线跳线(直通线、交叉线)的制作和测试的基本方法。

2. 实训材料与工具

本实训需要使用双绞线电缆(超 5 类 4 对 UTP)、RJ45 水晶头、RJ45 压线钳、连通性测试仪。

3. 实训内容

(1) 了解双绞线的结构和标识。

(2) 双绞线跳线的制作。

(3) 双绞线跳线的测试。

4. 实训过程

1) 了解双绞线的结构和标识

主要了解超 5 类 4 对非屏蔽双绞线的基本结构，注意观察双绞线 4 个线对的色标和绞距，观察外包皮上的文字标识。如果有条件，还可以将其与 6 类双绞线和屏蔽双绞线进行比较。

2) 双绞线跳线(直通线、交叉线)的制作

(1) 利用压线钳的剪线刀口剪取适当长度的双绞线；

(2) 压线钳的剪线刀口将线头剪齐，再将线头放入剥线刀口，让线头触及挡板，稍微握紧压线钳慢慢旋转，让刀口划开双绞线的保护胶皮，拔下胶皮。当然，也可使用线缆准备工具剥除双绞线绝缘胶皮；

(3) 将 4 个线对的 8 条细导线一一拆开，理顺，捋直，然后按照规定的线序排列整齐；

(4) 把线尽量伸直，压平，朝一个方向靠紧，然后用压线钳把线头剪齐；

(5) 一手以拇指和中指捏住水晶头，使有塑料弹片的一侧向下，针脚一方朝向远离自己的方向，并用食指抵住；

（6）确认所有导线都到位，并透过水晶头检查一遍线序，确认无误后，就可以用压线钳压制 RJ45 水晶头了。

3）双绞线跳线的测试

用制作好的双绞线跳线连接 Cable 1000 测试仪的管理端部分和远端部分，进行相应的双绞线的线序制作测试，并对相应的接线图测试结果进行分析。如果有问题，应重新制作。

5．实训要求

双绞线跳线的制作是网络布线人员的基本技能，在实验中除了了解双绞线的结构和识别方法外，还应到市场上了解超 5 类双绞线与 6 类双绞线的实际价格和性能指标，必须熟练掌握双绞线跳线的制作方法，并且保证双绞线跳线的制作质量。另外，有条件的话可以了解其他跳线的制作方法。

6．RJ45 水晶头的详细制作过程

RJ45 水晶头由金属片和塑料构成，制作网线所需要的 RJ45 水晶头前端有 8 个凹槽，简称 8P(position，位置)，凹槽内的金属触点共有 8 个，简称 8C(contact，触点)，因此业界对此有 8P8C 的别称。特别需要注意的是 RJ45 水晶头引脚序号，当面对金属片时，从左至右引脚序号是 1～8，序号对于网络连线非常重要，不能搞错。

双绞线的最大传输距离为 100m，如果要加大传输距离，就在两段双绞线之间安装中继器，最多可安装 4 个中继器。若安装 4 个中继器连接 5 个网段，则最大传输距离可达 500m。

1）双绞线的线序

EIA/TIA 的布线标准中规定了两种双绞线的线序 T568A 和 T568B。

以下为颜色和线对序号的对应标准。

（1）T568A 标准为绿白：1，绿：2，橙白：3，蓝：4，蓝白：5，橙：6，棕白：7，棕：8；

（2）T568B 标准为橙白：1，橙：2，绿白：3，蓝：4，蓝白：5，绿：6，棕白：7，棕：8。

为了保持最佳的兼容性，普遍采用 EIA/TIA T568B 来制作网线。

2）RJ45 水晶头制作步骤

RJ45 水晶头制作步骤如下。

（1）利用斜口钳剪下所需要的双绞线长度，至少 0.6m，最多 100m。然后再利用双绞线剥线器（实际用什么工具剪都可以）将双绞线的外皮除去 2～3cm。有一些双绞线电缆上含有一条柔软的尼龙绳，如果您在剥除双绞线的外皮时，觉得裸露出的部分太短，而不利于制作 RJ45 接头时，可以紧握双绞线外皮，再捏住尼龙线往外皮的下方剥开，就可以得到较长的裸露线。

（2）得到剥线完成后的双绞线电缆。

（3）将裸露的双绞线中的橙色对线拨向自己的前方，棕色对线拨向自己的方向，绿色对线拨向左方，蓝色对线拨向右方，上：橙，左：绿，下：棕，右：蓝。

（4）将绿色对线与蓝色对线放在中间位置，而橙色对线与棕色对线保持不动，即放在靠外的位置。调整线序为左一：橙，左二：蓝，左三：绿，左四：棕。

(5) 小心地剥开每一对线,白色混线朝前。因为我们是遵循 EIA/TIA T568B 的标准来制作接头,所以线对颜色是有一定顺序的。

需要注意的是,绿色条线应该跨越蓝色对线。如果将白绿线与绿线相邻放在一起,会造成串扰,使传输效率降低。左起分别为白橙、橙、白绿、蓝、白蓝、绿、白棕、棕。常见的错误接法是将绿色线放到第 4 只脚的位置。

将绿色线放在第 6 只脚的位置才是正确的,因为在 100Base-T 网络中,第 3 只脚与第 6 只脚是同一对的,所以需要使用同一对。

(6) 将裸露出的双绞线用剪刀或斜口钳剪下只剩约 13mm 的长度,之所以留下这个长度是为了符合 EIA/TIA 的标准,最后将双绞线的每一根线依序放入 RJ45 接头的引脚内,第一只引脚内应该放白橙色的线,其余类推。

(7) 确定双绞线的每根线已经正确放置之后,就可以用 RJ45 压线钳压接 RJ45 接头,有一种 RJ45 接头的保护套,可以防止接头在拉扯时造成接触不良。使用这种保护套时,需要在压接 RJ45 接头之前就将这种胶套插在双绞线电缆上。

3.3.5 信息模块的端接实训

1. 实训目的

通过本实训,能够掌握双绞线与信息插座的连接方法,从而了解水平干线子系统的基本结构。

2. 实训材料

本实训需要使用双绞线(超 5 类 4 对 UTP)、RJ45 信息插座、剥线钳、打线器、尖嘴钳。

3. 实训步骤

(1) 双绞线从布线底盒中拉出,剪至合适的长度。

(2) 用剥线钳剥除双绞线的绝缘层包皮。

(3) 将信息模块置入掌上防护装置中。

(4) 分开 4 个线对,但线对之间不要拆开,按照信息模块上所指示的线序,稍稍用力将导线一一置入相应的线槽内。

(5) 将打线工具的刀口对准信息模块上的线槽和导线,垂直向下用力,听到"喀"的一声,模块外多余的线被剪断。重复该操作,将 8 条导线一一打入相应颜色的线槽中。如果多余的线不能被剪断,可调节打线工具上的旋钮,调整冲击压力。

(6) 将塑料防尘片沿缺口穿入双绞线,并固定于信息模块上,双手压紧防尘片,模块端接完成。

3.3.6 RJ45 配线架的端接实训

1. 实训目的

通过本实训,能够掌握双绞线与配线架的连接方法,从而了解配线架的作用。

2. 实训材料

本实训需要使用双绞线(超 5 类 4 对 UTP)、RJ45 信息插座、双绞线配线架、剥线钳、打线器、尖嘴钳、双绞线跳线。

3. 实训步骤

(1) 在配线架上安装理线器,用于支撑和理顺过多的电缆。

(2) 利用压线钳将线缆剪至合适的长度。

(3) 利用剥线钳剥除双绞线的绝缘层包皮。

(4) 依据所执行的标准和配线架的类型,将双绞线的 4 对线按照正确的颜色顺序一一分开。注意,千万不要将线对拆开。

(5) 根据配线架上所指示的颜色,将导线一一置入线槽。最后,将 4 个线对全部置入线槽。

(6) 利用打线工具端接配线架与双绞线。

(7) 重复第 2 步至第 6 步的操作,端接其他双绞线。

(8) 将线缆理顺,并利用尼龙扎带将双绞线与理线器固定在一起。

(9) 利用尖嘴钳整理扎带,配线架端接完成。

3.3.7 光纤端接与交连实训

1. ST 连接器互联操作步骤

(1) 清洁 ST 连接器。拿下 ST 连接器头上的黑色保护帽,用沾有酒精的医用棉花轻轻擦拭连接器头。

(2) 清洁耦合器。摘下耦合器两端的红色保护帽,用沾有酒精的杆状清洁器穿过耦合孔擦拭耦合器内部,以除去其中的碎片,如图 3-8 所示。

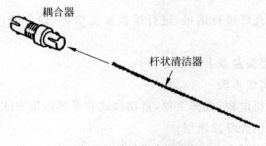

图 3-8 清洁耦合器内部

(3) 使用罐装气,吹去耦合器内部的灰尘,如图 3-9 所示。

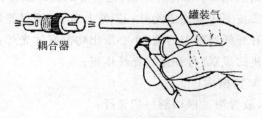

图 3-9 吹去耦合器内部的灰尘

（4）将 ST 连接器插到耦合器中。将连接器的头插入耦合器一端，耦合器上的突起对准连接器槽口，插入后扭转连接器以使之锁定，如经测试发现光能量损耗较高，则需摘下连接器并用罐装气重新净化耦合器，然后插入 ST 连接器。在耦合器端插入 ST 连接器，要确保两个连接器的端面与耦合器中的端面接触上，如图 3-10 所示。

图 3-10　ST 连接器接入耦合器

注意：每次重新安装时要用罐装气吹去耦合器的灰尘，并用沾有酒精的棉花擦净 ST 连接器。

（5）重复以上步骤，直到所有的 ST 连接器都插入耦合器为止。

注意：若一次来不及装上所有的 ST 连接器，则连接器头上要盖上黑色保护帽，而耦合器空白端或一端（有一端已插上连接器头的情况）要盖上保护帽。

2. 光纤熔接实训步骤

（1）打开光纤接头盒，开剥光缆，了解组成结构，识别光缆的纤序和光缆的 A、B 端。

（2）打开光缆缆芯，将加强芯固定在接头盒的加强芯固定座上，接头盒进缆孔处的光缆包一层密封胶带。

（3）将光缆芯线进行纤序编制。

（4）端面制备：清洁光纤涂覆层，套光纤热缩管，去除涂覆层和清洁裸纤，光纤端面切割。

（5）将对应纤序的光纤进行熔接，进行熔接损耗估算，如合格，则将热缩套管滑至熔接处的中心并加热。

（6）盘纤，然后将接头盒盖上并固定。

3. 多模光纤熔接实训步骤

（1）打开光纤熔接机电源，选择菜单，自动模式和单模熔接方式；

（2）用酒精纱布清洁光纤涂覆层；

（3）将热缩管套在光纤上；

（4）用光纤剥线钳，剥去约 10cm 的光纤涂覆层，用另一块酒精纱布清洁裸线；

（5）用光纤切割刀切割光纤：①打开压板，把剥好的光纤放置在 V 型槽内，尽量靠近但是不超过电极位置；②按下压板固定光纤；③关上盖子，确保光纤端面在一条直线上；④把刀架向后推；⑤打开光纤切割刀刀盖，小心取出切割好的光纤；

（6）打开光纤熔接机防风罩，打开左右光纤压板；

（7）把光纤放置在 V 型槽内；

（8）重复以上步骤，放置第二根切割好的光纤；

（9）小心关闭左右光纤压脚，关闭防风罩；

（10）按"右箭头"按钮，自动进行熔接；

（11）打开加热器夹具；

（12）打开防风罩，取出光纤，将光纤热缩管移至熔接处的中心，放置于加热器槽，按"波浪"键进行加热，等待加热指示灯熄灭，完成加热过程；

（13）打开左右加热器夹具，取出光纤。

3.4 布线链路测试实训

1．实训目的

（1）掌握 CAT5e 类和 CAT6 类布线系统的测试标准。

（2）掌握简单网络链路测试仪的使用方法。

（3）掌握用 Fluke DTX-LT 进行认证测试的方法和用 Fluke DTX-LT 进行光纤测试的方法。

2．实训内容

（1）电缆系统包括：插座，插头，用户电缆，跳线和配线架等。

（2）UTP 链路标准中定义测试参数和测试限的数值（公式）、定义两种链路的性能指标（Permanent Link 永久链路、Channel 通道）。

（3）现场测试的指标参数，包括 Wire Ma 接线图（开路/短路/错对/串绕）、Length 长度、Attenuation 衰减、NEXT 近端串扰、Return Loss 回波损耗、ACR 衰减串扰比、Propagation Delay 传输时延、Delay Skew 时延差、PS NEXT 综合近端串扰、EL FEXT 等效远端串扰、PS ELFEXT 综合等效远端串扰。

（4）测试内容包括对双绞线链路进行测试、对一条光缆链路进行测试。

3．实训步骤

1）认识 Fluke DTX-LT 电缆认证测试仪

（1）认识测试仪的组成。测试仪主机和远程单元，工具包如图 3-11 所示；测试线缆和可更换适配器，如图 3-12 所示。

图 3-11 Fluke DTX-LT 电缆认证测试仪

图 3-12 测试线缆和可更换适配器

（2）认识测试仪的功能。测试仪面板及按键功能如图 3-13 所示。

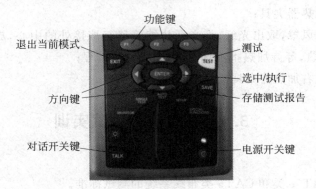

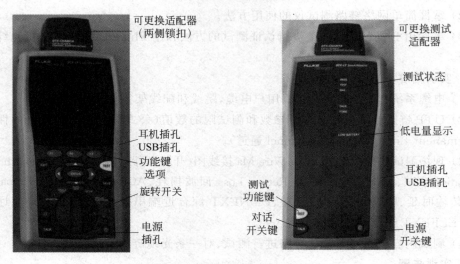

图 3-13 测试仪面板及按键功能

（3）了解远端控制和功能如下。

① Test Pass 测试通过；

② Test in Progress 测试在进行中；

③ Test Fail 测试失败；

④ Talk Set Active 激活对话；

⑤ Low Battery 电池电量过低。

2）测试准备与日常维护

测试工作开始前，需要的准备工作包括：查看电池电量、进行主端/远端校准、确认所测线缆的类型及方式、携带相应的测试适配器及附件、检查测试适配器的设置、检查测试适配器的功能并运行自测试。

注意，测试仪需要进行日常维护。日常维护的主要工作内容有：下载最新的升级软件、确定主端和远端充满电、定期进行主端和远端校准、定期运行自测试，以及定期校准永久链路适配器。

3）线缆测试设置

（1）设置非屏蔽双绞线测试指标参数，如图 3-14 所示。

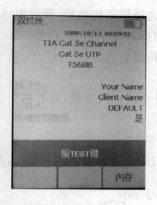

图 3-14　设置非屏蔽双绞线测试指标参数

（2）设置光纤测试指标参数，如图 3-15 所示。

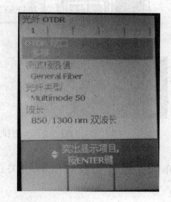

图 3-15　设置光缆测试指标参数

4）自校准/自检测设置

DSP 测试仪的主端和远端应该每月做一次自校准，用自测试来检查硬件工作情况，自校准的主端和远端的连接模式如图 3-16 所示。

图 3-16　自校准的主端和远端的连接模式

自校准操作过程如下：
（1）选中 Self Calibration；
（2）按 ENTER 键；
（3）按 TEST 键。

5)其他设置选项

测试仪的设置选项有:编辑报告标识、图形数据存储、设置自动关闭电源时间、关闭或启动测试伴音、选择打印机类型、设置串口、设置日期时间、选择长度单位(英尺/米)、选择数字格式、选择打印/显示语言、选择 50Hz 或 60Hz 电力线滤波器、选择脉冲噪声故障极限、选择精确的频段指示。

6)自动测试

自动测试结果为通过或失败,所有的测试都需选择参照的标准,按 View Result 按钮来查看每个结果。

7)UTP 认证测试

测试 UTP 的连接方式如图 3-17 所示,其测试步骤如下。

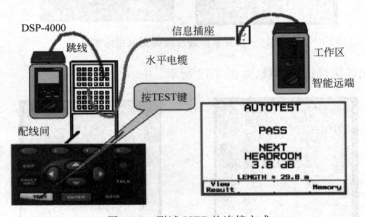

图 3-17 测试 UTP 的连接方式

(1)查看布线系统。①查看所有相关线缆;②确认连接器和线缆级别;③查看布线路由和终端情况。

(2)认证测试操作。①设置相应规格的测试标准;②执行测试,若测试失败须纠正错误直至测试通过;③保存结果,记录标识。

(3)生成测试报告。①下载测试结果到计算机;②存为某种格式电子文档;③打印测试报告。

3.5 工程技术文档编制实训

1. 实训目的

熟悉网络综合布线工程中需要提交的技术文档的要求,学会书写和绘制网络拓扑图、综合布线逻辑图、楼层信息点分布图、配线架与信息点对照表、配线架与交换机端口对照表、交换机与设备间的连接表和光纤配线表等文档。

2. 实训内容

网络拓扑图、综合布线逻辑图、楼层信息点分布图、配线架与信息点对照表、配线架与交换机端口对照表、交换机与设备间的连接表和光纤配线表等文档编制。

根据所设计的大楼综合布线系统,指导学生书写和绘制以上技术文档。

3. 实训过程

(1) 绘制网络拓扑图,如图 3-18 所示。

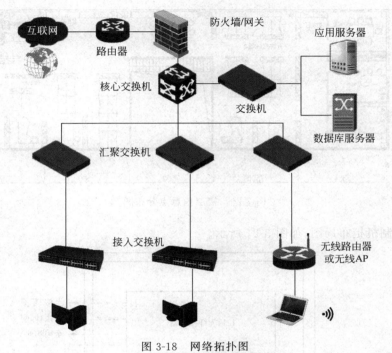

图 3-18　网络拓扑图

(2) 绘制综合布线逻辑图,如图 3-19 所示。

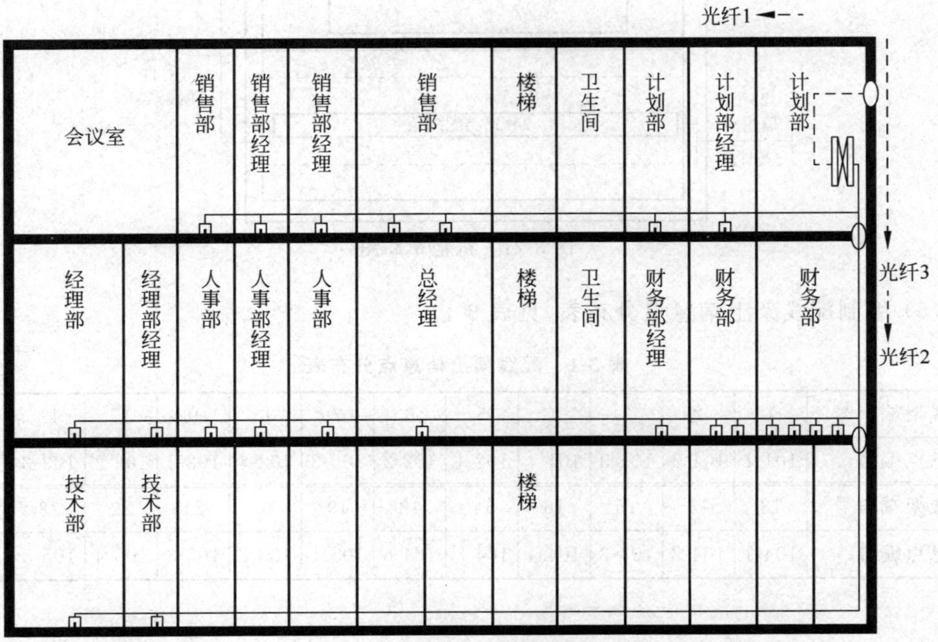

图 3-19　综合布线逻辑图

(3) 绘制楼层信息点分布图，如图 3-20 所示。

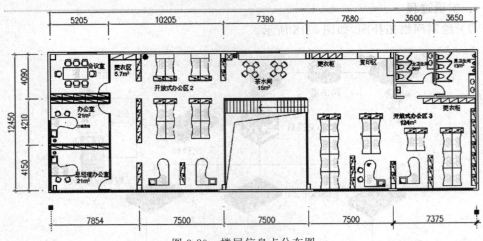

图 3-20　楼层信息点分布图

(4) 绘制机柜布局图，如图 3-21 所示。

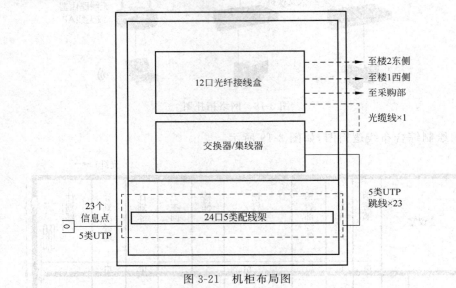

图 3-21　机柜布局图

(5) 编制配线架上信息点分布表，见表 3-1。

表 3-1　配线架上信息点分布表

配线架端口号	1	2	3	4	5	6	7	8	9	10	11	12
信息点编号	101-1	101-2	101-3	101-4	102-1	102-2	102-3	102-4	103-1	103-2	103-3	103-4
配线架端口号	13	14	15	16	17	18	19	20	21	22	23	24
信息点编号	104-1	104-2	104-3	104-4	104-5	104-6	105-1	105-2	105-3	105-4	105-5	105-6

3.6 综合布线工程验收实训

1. 实训目的

通过本实训,掌握现场工程验收的内容和过程,掌握竣工文档的内容及编制。

2. 实训内容

本实训的内容为现场验收和文档验收。

3. 实训方法

由老师带领学生分别模拟监理员、项目经理、布线工程师对工程施工质量进行现场验收,对技术文档进行审核验收。

4. 实训步骤

1) 现场验收

(1) 工作区子系统验收,具体包括:

① 线槽走向、布线是否美观大方,符合规范;
② 信息座是否按规范进行安装;
③ 信息座安装是否做到一样高、平、牢固;
④ 信息面板是否都固定牢靠;
⑤ 标志是否齐全。

(2) 配线子系统验收,具体包括:

① 线槽安装是否符合规范;
② 槽与槽之间、槽与槽盖是否接合良好;
③ 托架、吊杆是否安装牢靠;
④ 水平干线与垂直干线、工作区交接处是否出现裸线,是否按施工规范实施;
⑤ 水平干线槽内的线缆有没有固定;
⑥ 接地是否正确。

(3) 干线子系统验收。干线子系统的验收内容除了类似于配线子系统的验收内容外,要检查楼层与楼层之间的洞口是否封闭,以防火灾出现,成为一个隐患点。线缆是否按间隔要求固定,拐弯线缆是否留有弧度等。

(4) 管理间、设备间子系统验收,具体包括:

① 检查机柜安装的位置是否正确,规定、型号、外观是否符合要求;
② 跳线制作是否规范,配线面板的接线是否美观整洁。

(5) 线缆布放,具体包括:

① 线缆规格、路由是否正确;
② 对线缆的标号是否正确;
③ 线缆拐弯处是否符合规范;
④ 竖井的线槽、线固定是否牢靠;
⑤ 是否存在裸线;
⑥ 竖井层与楼层之间是否采取了防火措施。

(6) 架空布线,具体包括:
① 架设竖杆位置是否正确;
② 吊线规格、垂度、高度是否符合要求;
③ 卡挂钩的间隔是否符合要求。
(7) 管道布线,具体包括:
① 使用管孔、管孔位置是否合适;
② 线缆规格;
③ 线缆走向路由;
④ 防护设施。
2) 技术文档验收

验收的技术文档包括:
(1) Fluke 的 UTP 认证测试报告(电子文档);
(2) 网络拓扑图;
(3) 综合布线逻辑图;
(4) 信息点分布图;
(5) 机柜布局图;
(6) 配线架上信息点分布表。

本 章 小 结

通过本章的学习,应掌握综合布线系统工程项目建设的具体环节,掌握综合布线系统工程建设过程中工程设计、工程施工、工程测试和工程验收的具体内容,重点掌握工程施工中线缆施工操作的方法与要求。

习　　题

(1) 简述综合布线系统工程设计的设计等级和设计思路。
(2) 简述综合布线系统工程测试的内容与方法。
(3) 简述综合布线系统工程验收小组的人员组成,以及工程验收的一般流程。
(4) 简述综合布线系统工程的技术文档组成。

实践作业 4：综合布线系统工程设备与材料认知

本实践在综合布线实训室进行，通过对综合布线系统工程中使用的各类线缆、设备、材料的认识学习，初步掌握各类器材的使用方法与要求。本实践需以工作小组为单位，完成以下实践目标。

（1）认识双绞线电缆、光缆/光纤等线缆。
（2）认识双绞线端接设备、光缆端接设备。
（3）认识线槽、管及配件、桥架等布线通道材料。
（4）认识网络机柜、配线设备等。
请将实践过程和小结填入下表。

<table>
<tr><td colspan="3" align="center">实践作业 4</td></tr>
<tr><td>工作小组</td><td colspan="2"></td></tr>
<tr><td>工机具要求</td><td colspan="2"></td></tr>
<tr><td colspan="3" align="center">工作过程</td></tr>
<tr><td colspan="3"></td></tr>
<tr><td colspan="3" align="center">工作小结</td></tr>
<tr><td colspan="3"></td></tr>
<tr><td colspan="3" align="center">工作成绩</td></tr>
<tr><td>指导教师</td><td>成绩评定</td><td></td></tr>
</table>

实践作业 5：综合布线工程设计

本实践在综合布线实训室进行，使用清华易训实训装置完成相关的实训项目，以工作小组为单位，完成以下实践目标。

（1）完成工作区子系统设计实训。
（2）完成配线子系统设计实训。
（3）完成干线子系统设计实训。
（4）完成设备间子系统设计实训。
（5）完成管理间(电信间)子系统设计实训。
（6）完成建筑群子系统设计实训。
请将实践过程和小结填入下表。

实践作业 5

工作小组	
工机具要求	
工作过程	
工作小结	
工作成绩	
指导教师		成绩评定	

实践作业 6：综合布线工程施工操作

本实践在综合布线实训室进行，主要完成双绞线电缆的跳线制作、模块端接、设备连接及光纤跳线的熔接和配线端接，水平路由和干线路由的模拟设计与管槽系统的设计实现。以工作小组为单位，完成以下实践目标。

(1) 常用综合布线工程施工工具的使用。
(2) 完成双绞线电缆跳线制作与端接，光纤熔接与端接。
(3) 完成配线设备的安装与线缆端接。
(4) 完成管槽、桥架的安装及其内的线缆敷设。
(5) 完成设备间/电信间内的设备安装与线缆端接。

请将实践过程和小结填入下表。

实践作业 6

工作小组	
工机具要求	
工作过程	
工作小结	
工作成绩	
指导教师	成绩评定

实践作业7：综合布线系统工程测试与验收操作

本实践在综合布线实训室进行。学习Fluke 602电缆测试分析仪的操作使用,使用清华易训实训装置进行双绞线电缆和光纤工程测试,熟悉综合布线系统工程验收的流程和相关技术要求,并以工作小组为单位,完成以下实践目标。

(1) 熟悉工程测试内容与方法,使用电缆测试分析仪完成对CAT5e的测试,熟悉光纤测试分析仪的操作使用方法。

(2) 熟悉综合布线工程验收的内容,掌握竣工技术文档的编制要求并完成编制。

(3) 了解工程验收的人员组成及验收环节,熟悉工程验收工作流程并编制验收工作表。

请将实践过程和小结填入下表。

实践作业7	
工作小组	
工机具要求	
工作过程	
工作小结	
工作成绩	
指导教师		成绩评定	

第4章 双绞线电缆布线系统实训

学习目标：
(1) 熟悉双绞线电缆布线系统设计内容与方法。
(2) 掌握双绞线电缆布线系统工程施工项目和方法。
(3) 熟悉网络机柜、机架和相关设备的安装。
(4) 掌握双绞线电缆的跳线制作、缆线端接、模块压接。
(5) 熟悉RJ45网络配线架和110型通信跳线架压接。
(6) 了解线缆端接故障检测与永久链路测试。
(7) 掌握各项实训项目的实施过程与要求。
(8) 掌握实训操作平台的相关操作技能。

4.1 铜缆布线系统实训

4.1.1 网络机架和设备安装实训

1. 实训目的
(1) 掌握标准网络机架和实训设备的安装。
(2) 认识常用的网络综合布线系统工程器材和设备。
(3) 掌握网络综合布线常用工具和安装操作技巧。

2. 实训要求
(1) 设计网络机架内设备的安装施工图。
(2) 完成开放式标准网络机架的安装。
(3) 完成1台19寸6U清华易训Cable 300线缆实训仪安装。
(4) 完成1台19寸3U清华易训Cable Tester线缆故障演示箱安装。
(5) 完成1个19寸1U 24口标准网络配线架安装。
(6) 完成1个19寸1U 110型标准通信跳线架安装。
(7) 完成2个19寸1U标准理线环安装。
(8) 完成电源安装。

3. 实训设备、材料和工具
(1) 开放式网络机柜底座1个，侧立板2个，顶盖板2个，电源插座和配套螺钉。
(2) 1台19寸6U清华易训Cable 300线缆实训仪。
(3) 1台19寸3U清华易训Cable Tester线缆故障演示箱。

(4) 1个19寸1U 24口标准网络配线架。
(5) 1个19寸1U 110型标准通信跳线架。
(6) 2个19寸1U 标准理线环。
(7) 配套螺钉、螺母。
(8) 配套十字头螺丝刀、活扳手、内六方扳手。

4. 实训步骤

(1) 设计网络机柜施工安装图。布置好标准机架的安装放置位置(参考实训设备的结构),用Visio软件设计机柜设备安装位置图(或者实训设备的安装示意图)。

(2) 安装器材和工具准备。将设备开箱,逐一清点安装组件,按照安装顺序清理,摆置好各个组件。

(3) 机柜安装。按照设计好的标准开放式机柜的安装图(或者按照厂商提供的安装示意图),把底座、侧板、顶盖、电源等进行逐一装配,保证安装垂直且牢固。

(4) 网络设备和实训仪器的安装。按照设计好的施工图纸安装全部网络设备,保证每台设备位置正确,左右整齐和平直。

(5) 检查和通电。设备安装完毕后,按照施工图纸仔细检查后,确认全部符合施工图纸后,再接通电源进行测试。

安装完标准机架,本实训使用了清华易训PDS 100机架,如图4-1所示。

图 4-1　标准机架安装图

第4章 双绞线电缆布线系统实训

5. 实训报告

(1) 完成网络机柜设备安装施工图的设计。

(2) 总结标准网络机架和实训设备安装流程与要点。

(3) 写出标准 1U 机架和 1U 实训设备的规格与安装孔尺寸。

4.1.2 双绞线线缆端接故障演示测试实训

1. 实训目的

(1) 认识常见双绞线端接故障的类型。

(2) 区别和理解双绞线 4 个线对的概念。

(3) 熟悉 T568B 和 T568A 标准,熟练选择各种标准双绞线跳线。

2. 实训要求

(1) 完成线缆端接故障演示的七种类型测试。

(2) 理解画出常见端接故障的接线图的线对图形。

3. 实训设备、材料和工具

(1) 线缆实训仪 1 台(本实训使用清华易训 Cable 300 线缆实训仪为例)。

(2) CAT5e 标准跳线 2 根。

4. 实训步骤

(1) 打开清华易训 Cable 300 线缆实训仪电源,指示灯显示正常工作。

(2) 将 CAT5e 标准跳线两根一端水晶头插入清华易训 Cable 300 线缆实训仪的"故障演示"功能区中的第一组(标识为"正确")上方 RJ45 接口,另一端水晶头插入清华易训 Cable 300 线缆实训仪的"跳线测试"功能区的第一组上方 RJ45 接口。

(3) 将另外一根 CAT5e 标准跳线一端水晶头插入清华易训 Cable 300 线缆实训仪的"故障演示"功能区中的第一组(标识为"正确")下方 RJ45 接口,另一端插入清华易训 Cable 300 线缆实训仪的"跳线测试"功能区的第一组下方 RJ45 接口。

(4) 观察清华易训 Cable 300 线缆实训仪的第一组 LED 灯闪亮顺序,注意正确端接的双绞线线缆 LED 灯闪亮表示的双绞线线序。

(5) 重复以上步骤,依次选择"开路""交叉""反接""跨接""短路""串扰"RJ45 接口,插入对应双线跳线,观察清华易训 Cable 300 线缆实训仪对应的 LED 灯闪亮情况。

清华易训 Cable 300 线缆实训仪显示接线图各类状态如图 4-2 所示,对比和认识每组对应的端接故障线缆的线序,分析对应故障的形成和解决办法。

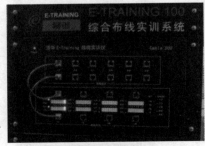 

(a) 正确接线图　　　　　　　　　　(b) "开路"错误显示

图 4-2　清华易训 Cable 300 线缆实训仪显示接线图各类状态

(c) "交叉"错误显示

(d) "反接"错误显示

(e) "跨接"错误显示

(f) "短路"错误显示

图 4-2(续)

根据实训设备情况,可参考示意图形进行测试。清华易训 Cable 300 线缆实训仪配合清华易训 Cable 600、800 线缆实训仪,进行双绞线接线图故障测试,包括正确、交叉、跨接、反接、短路、开路、串绕等常见形式的故障分析,具体见表 4-1。

表 4-1 各种接线图界面图示

接线图	示意图形	清华易训 Cable 600 线缆实训仪测试界面
正确	1—1 2—2 3—3 6—6 4—4 5—5 7—7 8—8	1—1 2—2 3—3 6—6 4—4 5—5 7—7 8—8
交叉	1—1 2 ╳ 2 3—3 6—6 4—4 5—5 7—7 8—8	1—1 2 ╳ 2 3—3 6—6 4—4 5—5 7—7 8—8
跨接	1 ╳ 1 2 ╳ 2 3 ╳ 3 6—6 4—4 5—5 7—7 8—8	1 ╳ 1 2 ╳ 2 3 ╳ 3 6—6 4—4 5—5 7—7 8—8

续表

接线图	示意图形	清华易训 Cable 600 线缆实训仪测试界面
反接	(1↔2 交叉，其余直通)	(1↔2 交叉，其余直通)
短路	(1-3 短路)	(1-3 短路)
开路	(1 开路)	(1 开路)
串绕	(4、6 串绕)	(4、6 串绕)

说明：线缆串绕会产生很大的串扰值，需要更加高性能的测试仪器，例如 Fluke DTX 系列才能显示出更加准确的示意图形。清华易训 Cable 600 线缆实训仪只能显示正确接线图图形，学习时要明白其根本区别。

4.1.3 RJ45 连接器压接和标准跳线制作实训

1．实训目的

（1）认识 RJ45 水晶头，掌握 RJ45 水晶头的制作工艺及操作规程，熟练制作各种标准的跳线。

（2）熟悉 T568B 标准，熟练选择各种标准双绞线跳线。

（3）掌握各种 RJ45 水晶头和网络跳线的测试方法。

（4）掌握双绞线压接的常用压接工具的使用。

2．实训要求

（1）完成双绞线两端剥线、线对色序分离。

（2）完成 3 根双绞线跳线的制作。

（3）完成 3 根双绞线跳线的测试。

3. 实训设备、材料和工具

（1）0.5m 长的网线 3 根,6 个水晶头。

（2）剥线钳、压线钳各 1 把。

4. 实训步骤

（1）用压线钳剥去双绞线一端约 30mm 的绝缘套。注意,不能损伤 8 根线缆。

（2）将 4 对双绞线线缆拆开,按照 T568B 标准(即线对顺序为橙白、橙、绿白、绿、蓝、蓝白、棕白、棕)将线对排列好。用压线钳剪掉多余的部分,留下约 15mm 长度的裸露线缆。

（3）将 RJ45 水晶头刀片向上,插入排列好的双绞线,用压线钳压紧。

（4）重复以上步骤,完成另一端水晶头的制作,这样就完成了一根标准的网络跳线制作。标准的网络跳线制作过程如图 4-3 所示。

(a) 将双绞线插入水晶头

(b) 压接水晶头

(c) 完成另一端水晶头制作

(d) 完成了标准的网络跳线制作

图 4-3 标准的网络跳线制作过程

（5）用压制好的一根双绞线跳线,把两端的 RJ45 水晶头分别插入清华易训 Cable 300 线缆实训仪面板上"跳线测试"功能区的第一组的 RJ45 测试接口中,此时 LED 灯闪亮顺序即显示此跳线的线序和通断情况,并可显示出线序类型的具体判断结果,如交叉、开路、短路、跨接等。

清华易训 Cable 300 线缆实训仪跳线测试接线图第一组和全部完成的四组如图 4-4 所示。

5. 实训报告

（1）写出双绞线 8 芯线的色谱和 T568B、T568A 的端接线序。

（2）写出 RJ45 水晶头端接线的原理。

（3）写出制作网络标准跳线的方法和注意事项。

（4）思考标准跳线中直通线和交叉线的区别,以及应用的场合。

6. 实训说明

本实训可以结合实训设备(如清华易训 Cable 300 线缆实训仪)的线缆故障演示功能

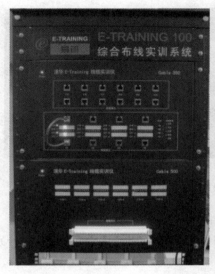

图 4-4 清华易训 Cable 300 线缆实训仪跳线测试接线图第一组和全部完成的四组

一起做接线图的测试、验证实验,以便让学生清楚地了解、掌握各种跳线制作的相同点和区别,了解双绞线接线图的各类故障和解决办法。

4.1.4 网络信息模块和电话模块压接实训

1. 实训目的

(1) 认识网络信息插座和电话信息插座。
(2) 区分手工压接和自动压接信息模块的不同。
(3) 熟悉网络信息模块和电话模块的压接顺序。

2. 实训要求

(1) 完成手工网络信息模块和电话模块的压接。
(2) 完成免打压网络信息模块和电话模块的压接。
(3) 理解网络信息模块和电话模块压接的线缆线序。

3. 实训设备、材料和工具

本实训需要使用剥线钳,压线钳,偏口钳,2 个网络信息模块,2 个电话信息模块,单口网络信息模块、双口网络信息模块面板各 2 个,50cm 长的超 5 类(CAT5e)双绞线跳线 2 根,50cm 长标准 4 芯电话线 2 根。

4. 实训步骤

1) 手工压接普通信息模块

手工压接 RJ45 信息模块的过程如图 4-5 所示,具体步骤如下。

(1) 将一根超 5 类双绞线的一端用剥线钳剥开 3cm 左右,分开 4 对线缆,分别为绿白、绿、棕白、棕、蓝白、蓝、橙白、橙。

(2) 用简易压线钳将分开的 4 对线缆,按照网络信息模块侧面的色标提示,分别压入线槽,随后用偏口钳剪掉多余的线头。

(3) 将压接好的网络信息模块,装配到单口网络信息模块面板上。

 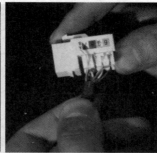 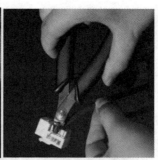

(a) 压入线缆　　　　　　(b) 完成线缆压入　　　　(c) 压实并剪去多余芯线

图 4-5　手工压接 RJ45 信息模块

（4）将一根标准四芯电话线的一端用剥线钳剥开 3cm 左右，分开 2 对线缆。

（5）用简易压线钳将分开的 2 对线缆，按照电话信息模块侧面的色标提示，分别压入线槽，随后用偏口钳剪掉多余的线头。

2）免打压信息模块

免打压信息模块简称免打模块，其制作过程如图 4-6 所示。

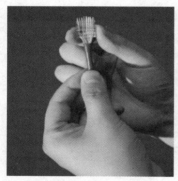  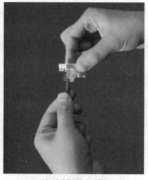

(a) 将线缆按顺序压入槽中　　　(b) 剪去多余芯线　　　　(c) 将线缆置入模块中

 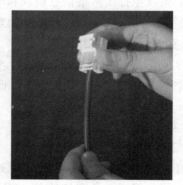

(d) 用力压下密封盖　　　　　　(e) 完成后的免打压模块

图 4-6　RJ45 免打压信息模块制作过程

（1）将一根超 5 类双绞线一端用剥线钳剥开 3cm 左右，分开 4 对线缆，分别为棕白、棕、绿、绿白、蓝、蓝白、橙白、橙。

(2) 选择一个免打压网络信息模块，将分开的 4 对线缆，按照上面的顺序塞入免打压信息模块的夹槽中。

(3) 用力扣压模块上盖，完成线缆压接，然后用偏口钳剪掉多余的线头。

(4) 将一根 4 芯电话线，一端用剥线钳剥开 3cm 左右，分开 2 对线缆，分别为棕、棕白、蓝、蓝白。

(5) 重复以上步骤，完成免打压电话模块的压接。

3) 安装到信息面板插座上

将制作好的一个手工压接网络信息模块和一个免打压信息模块，分别扣入双口信息模块插座面板上（见图 4-7(a)）进行压接状态测试。

将制作好的一个手工压接网络信息模块和一个手工压接电话信息模块，分别扣入双口信息模块插座面板上（见图 4-7(b)）进行压接状态测试。

 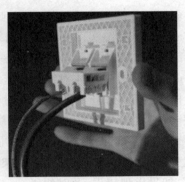

(a) 双口免打压RJ45型信息模块插座面板　　　(b) 双口网络与语音插座面板

图 4-7　将信息模块固定到信息面板

免打压电话信息模块压接过程如图 4-8 所示。

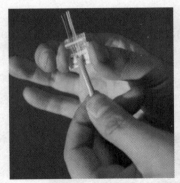  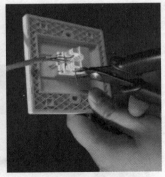

(a) 将电话线置入模块槽内　　　(b) 压制模块　　　(c) 固定模块并剪去多余芯线

图 4-8　免打压电话信息模块压接

5. 实训报告

(1) 写出网络信息模块和电话信息模块的区别与不同。

(2) 写出手工压接信息模块和免打压信息模块压接过程的区别。

(3) 写出如何使用清华易训 Cable 800 线缆实训仪测试制作好的信息模块。

4.1.5 110型通信跳线架压接实训

1. 实训目的

(1) 熟练掌握110型通信跳线架模块压接方法。
(2) 熟练掌握网络配线架模块的压接方法。
(3) 掌握常用工具和使用技巧。

2. 实训设备、材料和工具

本实训需要使用清华易训Cable 500线缆实训仪、简易打线器、偏口钳、剥线钳、打线器、6根0.5m长双绞线。

3. 实训步骤

(1) 选择一根跳线,用剥线钳将两头剥去3～4cm的绝缘皮。

(2) 将剥开的一端4对线缆按蓝白、蓝、橙白、橙、绿白、绿、棕白、棕的顺序排列,选择清华易训Cable 500线缆实训仪面板上网络配线架下排第一组4对色块,对应网络配线架线槽颜色,用简易打线器按照此顺序,逐一将线缆压入网络配线架线槽中并检查线序。

(3) 将此线缆另外一端4对线缆按蓝白、蓝、橙白、橙、绿白、绿、棕白、棕的顺序排列。

(4) 选择网络配线架上排第一组4对色块,对应网络配线架线槽颜色,用简易打线器按照此顺序,逐一将线缆压入网络配线架线槽中并检查线序。

(5) 检查顺序正确后,用偏口钳将露出的多余的线头减掉。

这样就完成了一组110型通信跳线架的压接实训。在打压过程中,同时观察LED灯闪亮的顺序,如果出现错误,及时纠正。

重复以上的实训步骤,完成六组双绞线的打压试验。注意最后一组,也就是第六组为5对色块,最后两个灰色线槽为空置,不压接线缆,观察LED灯的闪亮顺序,总结打压经验。

在实际工程中,常用大对数线缆,按照上下对应的原则,成对依次将一对线缆压入网络配线架插槽内。

六组110型通信跳线架压接实训操作过程如图4-9所示(以使用清华易训Cable 500线缆实训仪为例)。

 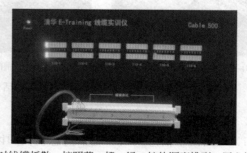

(a) 制作如图示的双绞线线头　　(b) 对线缆拆散,按照蓝、橙、绿、棕的顺序排列,压入线槽

图4-9　六组110型通信跳线架压接实训操作

(c) 第一组110型通信跳线架压接实训　　　　(d) 六组110型通信跳线架压接实训

图 4-9(续)

4. 实训说明

(1) 110型通信跳线架压接顺序遵照国家标准T568B,颜色线对从左至右依次为蓝色、橙色、绿色、棕色,将打散拆开的双绞线4色线对,依次按照标签颜色压入网络配线架模块线槽内。

(2) 端接的同时,LED灯闪亮情况和顺序即可实时显示此线缆的压接线序图示和通断情况,端接完成后会给出正确和错误的结果判断。

(3) 实际工程中,常使用大对数线缆,按照上下对应的原则,成对依次将一对线缆压入网络配线架线槽内。网络配线架的插槽为50线,可提供6根双绞线48个插槽使用(本实训最后2个插槽不使用)。

4.1.6　网络配线架和110型通信跳线架组合压接实训

1. 实训设备、材料和工具

本实训需要使用清华易训Cable 500线缆实训仪、压线钳、剥线钳、简易打线器、偏口钳各1把、2根0.3m长双绞线,1个水晶头。

2. 实训步骤

(1) 用剥线钳将一根双绞线的一端外绝缘套剥开,将4色线对打散拆开,按照T568B标准(即线序颜色为橙白、橙、绿白、绿、蓝、蓝白、棕白、棕)用压线钳制作标准水晶头接头。

(2) 将水晶头插入机架下方RJ45网络配线架正面第一组的RJ45接口中。

(3) 用剥线钳将这根双绞线的另外一端外绝缘套剥开,将其中的4色线对打散拆开,用简易打线器压入清华易训Cable 500线缆实训仪面板上110型通信跳线架上面第一组插槽内,压线顺序为4色顺序(即蓝白、蓝、橙白、橙、绿白、绿、棕白、棕)。

(4) 检查顺序正确后,用偏口钳将露出的多余的线头减掉。

(5) 同样制作另外一根双绞线跳线,一端压入实训设备(如清华易训Cable 500线缆实训仪)面板上110型通信跳线架下面第一组插槽内;另外一端按照4色顺序,压入机架下方RJ45网络跳线架背面第一组线槽内,压线顺序为4色顺序(即蓝白、蓝、橙白、橙、绿白、绿、棕白、棕)。

(6) 以上即可形成一条链路。压接过程中,仔细观察实训设备(如清华易训Cable 500线缆实训仪)面板第一组 LED 灯闪亮顺序的显示,及时排除端接过程中出现的错接等常见故障。

(7) 重复以上步骤,按顺序将做好的 4 根双绞线依次连接,形成链路。完成四组链路的压接测试。

RJ45 网络配线架和 110 型通信跳线架组合压接实训过程如图 4-10 所示。

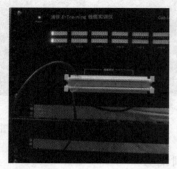

(a) 制作如图所示的双绞线线头　　(b) 将4对线缆拆散,按照蓝、橙、绿、棕的顺序排列,
　　　　　　　　　　　　　　　　　　压入110型通信跳线架对应颜色的线槽

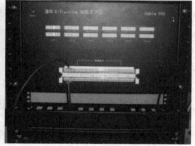

(c) 用简易压线钳压入　(d) 机架上RJ45网络配线架连接顺序　(e) 完成的第一组110型-RJ45组合压接
　对应颜色线槽

图 4-10　RJ45 网络配线架和 110 型通信跳线架组合压接实训过程

3. 实训说明

(1) 清华易训 Cable 500 线缆实训仪面板上的 110 型通信跳线架的插槽为 50 线,可提供 6 根双绞线 48 个插槽使用(最右端的 2 个插槽未使用);机架上安装的 RJ45 网络配线架为 48 口,可提供 6 根双绞线 48 个插槽使用。

(2) 要特别注意 110 型网络配线架的组别顺序和 RJ45 网络配线架的组别顺序。110 型通信跳线架的组别顺序为从左至右分别为 1、2、3、4、5、6 组;而 RJ45 网络跳线架的组别顺序分别为从右至左,从上到下分别为 1、2、3、4、5、6 组。

4. 实训报告

(1) 设计 1 个 110 型通信跳线架到 RJ45 网络配线架的链路回路,并测试通过。

(2) 理解和分析 110 型通信跳线架和 RJ45 网络配线架的不同之处。

(3) 理解 RJ45 网络配线架的组别顺序和压接线对的色别顺序。

(4) 设计一个电话通信回路,使用双绞线的前 4 根线缆或电话线缆做电话信息传输。

4.2 双绞线电缆链路测试实训

4.2.1 基本永久链路实训

1. 实训目的

(1) 掌握网络永久链路的概念。
(2) 掌握标准跳线制作方法和技巧。
(3) 掌握 RJ45 网络配线架的端接方法。

2. 实训工具

本实训需要使用线缆实训设备(本实训使用清华易训 Cable 300 线缆实训仪),打线器,双绞线 2 根,RJ45 网络水晶头 3 个,简易打线器,偏口钳、剥线钳、压线钳各 1 把。

3. 实训步骤

(1) 选择一根网线,使用两个水晶头,按照跳线制作标准,制作标准的 T568B 的网络跳线,线序的颜色为橙白、橙、绿白、绿、蓝、蓝白、棕白、棕。

(2) 将跳线的两头分别插入清华易训 Cable 300 线缆实训仪面板上"跳线测试"功能区的第一组上下两个 RJ45 测试接口中,观察 LED 灯闪亮顺序,测试通过,保证跳线制作合格。

(3) 将此跳线一端插在清华易训 Cable 300 线缆实训仪的面板上"跳线测试"功能区的第一组上方 RJ45 测试接口中,另一端插在下方配线架第一组 RJ45 测试接口中。

(4) 把第二根网线一端首先按照 T568B 线序做好 RJ45 水晶头,然后插在清华易训 Cable 300 线缆实训仪面板上"跳线测试"功能区的第一组下方的 RJ45 测试接口中。把这根网线的另一端剥开 30mm 绝缘皮,将 4 对线缆拆开打散,按照 T568B 的 4 对颜色标准线序(即蓝白、蓝、橙白、橙、绿白、绿、棕白、棕),端接在 RJ45 网络配线架反面对应第一组模块中,这样就形成了一个 4 次端接的永久链路。

(5) 压接好模块后,观察清华易训 Cable 300 线缆实训仪的 LED 灯显示的测试结果,观察线序结果,如果上下 8 个 LED 灯同时依次顺序闪亮,表示测试结果合格,链路畅通合格。

(6) 重复以上步骤,完成 4 个网络链路和测试。

基本永久链路实训操作过程如图 4-11 所示。

(a) 将4对线缆拆散,按照蓝、橙、绿、棕的顺序排列
(b) 用简易压线钳压入110型通信跳线架对应颜色的线槽
(c) 机架上RJ45跳线架背面线槽压接

图 4-11 基本永久链路实训操作过程

106 | 综合布线技术实训教程

(d) 清华易训Cable 300线缆实训仪
基本链路测试实训连接

(e) 清华易训Cable 600线缆实训仪
永久链路测试

图 4-11(续)

4. 实训报告

(1) 设计 1 个带 CP 集合点的综合布线永久链路图。
(2) 总结对比永久链路的端接技术,区别 T568A 和 T568B 端接线顺序和方法。
(3) 总结 RJ45 模块和 4 对连接模块端接方法。

4.2.2 复杂永久链路测试实训

1. 实训目的

(1) 设计复杂永久链路图。
(2) 熟练掌握 110 型通信跳线架和 RJ45 网络配线架端接方法。
(3) 掌握永久链路测试技术。

2. 实训设备、材料和工具

本实训需要使用实训设备(如清华易训 Cable 300 线缆实训仪)、RJ45 水晶头 3 个、500mm 网线 3 根、110 型通信跳线架模块 6 个,剥线器、压线钳、简易打线器、偏口钳各 1 把。

3. 实训步骤

(1) 准备材料和工具,打开清华易训 Cable 300 线缆实训仪电源开关。

(2) 按照 T568B 标准,制作两端 RJ45 水晶头,制作完成第一根网络跳线,两端 RJ45 水晶头插入清华易训 Cable 300 线缆实训仪"跳线测试"功能区第一组上下 RJ45 测试接口,观察 LED 灯闪亮顺序,测试合格后将一端插在清华易训 Cable 300 线缆实训仪面板"跳线测试"功能区第一组下部的 RJ45 测试接口中,另一端插在机架下方 RJ45 网络配线架正面的第一组 RJ45 测试接口中。

(3) 将第二根网线两端剥去 30mm 绝缘皮,将两端线缆拆开,一端按照 T568B 的 4 对颜色标准线序(即蓝白、蓝,橙白、橙,绿白、绿,棕白、棕),用简易压线钳端接在机架下方 RJ45 网络配线架模块背面的第一组线槽中;另一端同样按照 T568B 的 4 对颜色标准线序(即蓝白、蓝,橙白、橙,绿白、绿,棕白、棕),用简易压线钳端接在 110 型通信跳线架的下

第4章 双绞线电缆布线系统实训 107

层第一组位置上。

(4) 用110打线器,将一个110型通信跳线架4色模块压接在110型通信跳线架的下层第一组对应位置上。

(5) 将第三根网线一端按照T568B标准,用简易压线钳端接好RJ45水晶头,插在清华易训Cable 300线缆实训仪面板"跳线测试"功能区第一组上部的RJ45测试接口中;另一端剥去30mm绝缘皮并拆开,按照T568B的4对颜色标准线序(即蓝白、蓝,橙白、橙,绿白、绿,棕白、棕),用简易压线钳端接在机架下方110型通信跳线架模块上层第一组模块上,端接时清华易训Cable 300线缆实训仪的LED灯实时显示线序和电气连接情况。

(6) 完成上述步骤后就形成了有6次端接的一个永久链路。

(7) 重复以上步骤,完成4个网络永久链路和测试。

复杂永久链路测试实训操作过程如图4-12所示。

(a) 将4对线缆拆散,按照蓝、橙、绿、棕的顺序排列

(b) 用简易压线钳压入110型通信跳线架对应颜色的线槽

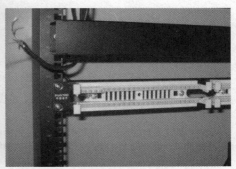
(c) 110型通信跳线架模块压接和连线示意图

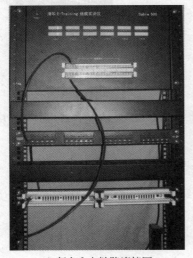
(d) 复杂永久链路连接图

(e) 复杂永久链路示意图
(清华易训Cable 600线缆实训仪为例)

图4-12 复杂永久链路测试实训操作过程

4. 实训报告

(1) 设计 1 个复杂永久链路图。
(2) 总结永久链路的端接和施工技术。
(3) 总结网络链路端接种类和方法。

5. 实训说明

永久链路又称固定链路,在国际标准化组织 ISO/IEC 所制定的增强 5 类、6 类标准及 TIA/EIA 568B 新的测试定义中,定义了永久链路测试方式,它将代替基本链路方式。永久链路方式供工程安装人员和用户用来测量所安装的固定链路的性能。永久链路连接方式由 90m 水平电缆和链路中相关接头(必要时增加一个可选的转接/汇接头)组成,与基本链路方式不同的是,永久链路不包括现场测试仪插接线和插头,以及两端 2m 测试电缆,电缆总长度为 90m,而基本链路包括两端的 2m 测试电缆,电缆总计长度为 94m。

4.3 大对数电缆 110 型配线架配线实训

4.3.1 大对数电缆概述

语音大对数电缆的一般打线顺序为:25 对为一组。例如,100 对大对数电缆,分为 4 捆,每捆(25 对线缆)色带为蓝、橙、绿、棕,一共 4 组,每组再分为白、红、黑、黄、紫 5 小捆,每小捆再分为蓝、橙、绿、棕、灰,如图 4-13 所示。

大对数即多对数的意思,是指很多一对一对的电缆组成一小捆,再由很多小捆捆成一捆(更大对数的电缆则再由一大捆组成一根更大的电缆)

线缆主色为白、红、黑、黄、紫,线缆配色为蓝、橙、绿、棕、灰

图 4-13 大对数电缆芯线图

线缆对应位置线位:蓝 1~25,橙 26~50,绿 51~75,棕 76~100。
语音大对数电缆的国际布线标准要求如下。
(1) 主色:白—红—黑—黄—紫;
(2) 副色:蓝—橙—绿—棕—灰。
(3) 主、副色按顺序相互搭配,如白蓝、白橙、白绿、白棕、白灰、红蓝、红橙、红绿、红棕、红灰,或者为黑蓝、黑橙、黑绿、黑棕、黑灰……以此类推,在剥线时(特别是 100 对及以上电缆)要注意用隔离带将每组线分开,以免混淆。

压接时,最好事先将每一对先拧一下,防止施工时散开混乱在一起,导致无法分清。此外,超过 25 对的,束线的彩带最好一束一束解开,防止混乱。

一般将白、红、黑、黄、紫色芯线称为 a 线,将蓝、橙、绿、棕、灰色芯线称为 b 线。线对编号色谱见表 4-2,标准线序见表 4-3。

表 4-2 大对数电缆线对编号色谱

线对编号	1	2	3	4	5	6	7	8	9	10	11	12	13
a 线	白	白	白	白	白	红	红	红	红	红	黑	黑	黑
b 线	蓝	橙	绿	棕	灰	蓝	橙	绿	棕	灰	蓝	橙	绿
线对编号	14	15	16	17	18	19	20	21	22	23	24	25	
a 线	黑	黑	黄	黄	黄	黄	黄	紫	紫	紫	紫	紫	
b 线	棕	灰	蓝	橙	绿	棕	灰	蓝	橙	绿	棕	灰	

表 4-3 25 对大对数电缆标准线序

线序	颜色	线序	颜色	线序	颜色	线序	颜色	线序	颜色
1	白蓝	6	红蓝	11	黑蓝	16	白蓝	21	紫蓝
2	白橙	7	红橙	12	黑橙	17	黄橙	22	紫橙
3	白绿	8	红绿	13	黑绿	18	黄绿	23	紫绿
4	白棕	9	红棕	14	黑棕	19	白棕	24	紫棕
5	白灰	10	红灰	15	黑灰	20	白灰	25	紫灰

4.3.2 110 型语音配线架的安装与配线

1. 实训目的

(1) 了解 25 对大对数电缆的结构和芯线规格特点。
(2) 掌握 25 对大对数电缆的开缆与配线端接方法。
(3) 掌握机架式 110 型配线架的安装方法与要求。
(4) 熟悉 110 型连接块的安装方法。

2. 实训工具、设备与材料

(1) 实训工具:开缆刀、网络打线钳、5 对打线钳、剪刀、螺丝刀、扎带等。
(2) 实训设备与材料:网络机柜、110 型配线架、25 对大对数电缆、110 型连接块、标签等。

3. 实训步骤

(1) 将 110 型配线架固定到机柜合适位置。
(2) 从机柜进线处开始整理电缆,电缆沿机柜两侧整理至配线架处,并留出大约 25cm 的大对数电缆,用电工刀或剪刀把大对数电缆的外皮剥去,如图 4-14 所示,使用绑扎带固定好电缆,将电缆穿过 110 型语音配线架一侧的进线孔,摆放至配线架打线处,如图 4-15 所示。

图 4-14 大对数电缆开缆　　　　　图 4-15 语音电缆进入配线架

（3）线缆排序。对 25 对大对数电缆进行线序排线，先进行主色分配（见图 4-16），再按配色分配（见图 4-17）。标准分配原则如下。

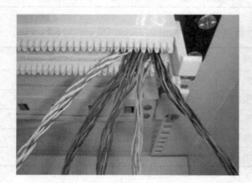 

图 4-16 大对数电缆按主色分配　　　　　图 4-17 大对数电缆按配色分配

① 通信电缆色谱排列。线缆主色为白、红、黑、黄、紫，线缆配色为蓝、橙、绿、棕、灰。

② 一组线缆为 25 对，以色带来分组，一共有 5 组，分别为 a.白蓝、白橙、白绿、白棕、白灰；b.红蓝、红橙、红绿、红棕、红灰；c.黑蓝、黑橙、黑绿、黑棕、黑灰；d.黄蓝、黄橙、黄绿、黄棕、黄灰；e.紫蓝、紫橙、紫绿、紫棕、紫灰。

1～25 对线为第一小组，用白蓝相间的色带缠绕。

26～50 对线为第二小组，用白橙相间的色带缠绕。

51～75 对线为第三小组，用白绿相间的色带缠绕。

76～100 对线为第四小组，用白棕相间的色带缠绕。

此 100 对线为 1 大组用白蓝相间的色带把 4 小组缠绕在一起。

200 对、300 对、400 对……2400 对，以此类推。

（4）电缆芯线压接。根据电缆色谱排列顺序，将对应颜色的电缆芯线对逐一压入槽内，如图 4-18 所示。使用网络打线钳压实电缆芯线，同时将伸出槽位外多余的芯线截断。注意，网络打线钳要与配线架垂直，刀口向外，如图 4-19 所示。

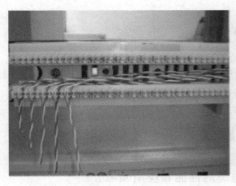 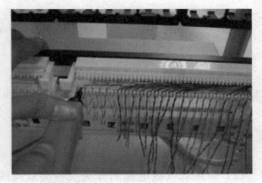

图 4-18　大对数电缆芯线压接顺序　　　　图 4-19　依次压实并剪除多余大对数电缆芯线

（5）安装 110 连接块。准备 5 对打线钳和 110 型连接块（图 4-20），将连接块放入 5 对打线钳中（见图 4-21），把连接块垂直压入槽内（见图 4-22）并贴上编号标签。注意，连接端子的组合是：在 25 对的 110 型配线架基座上安装时，应选择 5 个 4 对连接块和 1 个 5 对连接块，或 7 个 3 对连接块和 1 个 4 对连接块。从左到右完成白区、红区、黑区、黄区和紫区的安装。这与 25 对大对数电缆的安装色序一致。完成后的效果图如图 4-23 所示。

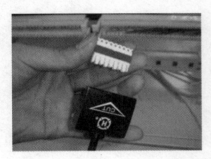 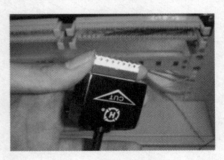

图 4-20　5 对打线钳与 110 连接块　　　　图 4-21　将 110 连接块插入 5 对打线钳中

 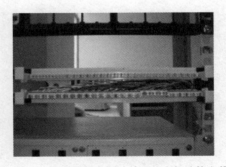

图 4-22　压接 110 连接块　　　　图 4-23　110 型配线架端接 25 对大对数电缆

本 章 小 结

通过本章的学习,应掌握综合布线系统工程中铜缆布线系统的基本应用,具备使用双绞线电缆实现中小型局域网布线、大对数电缆语音布线的实践操作能力。

习 题

(1) 简述双绞线电缆的分类及各类双绞线电缆的性能和应用领域。
(2) 简述屏蔽双绞线电缆与非屏蔽双绞线电缆的区别与各自优势。
(3) 大对数电缆的规格有哪些?各自的应用特点是什么?
(4) 列举出 25 对大对数电缆的主色和辅色线序,并简述电缆芯线在端接时的施工工艺要求。

实践作业 8：双绞线电缆操作

本实践在综合布线实训室进行，使用清华易训实训装置完成双绞线电缆的操作实践，并以工作小组为单位，完成以下实践目标。
（1）完成双绞线电缆跳线制作、链路测试操作。
（2）完成双绞线电缆与 RJ45 信息模块、语音模块的端接操作。
（3）完成双绞线电缆与 RJ45 网络配线架的端接操作。
（4）完成双绞线电缆与 110 型语音配线架的端接操作。
请将实践过程和小结填入下表。

实践作业 8	
工作小组	
工机具要求	
工作过程	
工作小结	
工作成绩	
指导教师	成绩评定

实践作业9：110型配线架安装与25对大对数电缆端接

本实践在综合布线实训室进行，使用清华易训实训装置完成110型语音配线架的大对数电缆端接，并以工作小组为单位，完成以下实践目标。
(1) 在网络机柜中安装110型配线架。
(2) 引入25对大对数电缆并固定。
(3) 将25对大对数电缆端接至110型语音配线架上。
(4) 安装110型连接块。
请将实践过程和小结填入下表。

实践作业9

工作小组	
工机具要求	
工作过程	
工作小结	
工作成绩	
指导教师	成绩评定

第 5 章 光纤布线系统实训

学习目标：
(1) 熟悉光纤链路搭建端接与测试的实训内容与方法。
(2) 掌握光纤熔接操作过程。
(3) 了解光纤冷接的实训操作过程。

5.1 光纤链路搭建端接与测试实训

1. 实训内容

光纤链路搭建端接与测试实训包括以下实训项目。
（1）SC-SC 接口光纤链路搭建端接与测试实训。
（2）SC-ST 接口光纤链路搭建端接与测试实训。
（3）SC-FC 接口光纤链路搭建端接与测试实训。
（4）SC-LC 接口光纤链路搭建端接与测试实训。
（5）ST-ST 接口光纤链路搭建端接与测试实训。
（6）ST-FC 接口光纤链路搭建端接与测试实训。
（7）ST-LC 接口光纤链路搭建端接与测试实训。
（8）FC-FC 接口光纤链路搭建端接与测试实训。
（9）FC-LC 接口光纤链路搭建端接与测试实训。
（10）LC-LC 接口光纤链路搭建端接与测试实训。

2. 实训设备

本实训以清华易训 Cable 600 光纤实训仪作为主要实训设备，使用该光纤实训仪能够有效地完成常用光纤跳线认知和测试。

3. 实训步骤

（1）进行 SC-SC 接口光纤链路搭建端接与测试实训。

将准备好的一对 SC-SC 单模光纤，一端插入清华易训 Cable 600 光纤实训仪面板中的 SC-SC 光纤端口下端；另外一端按照此对光纤的接口类型顺序插入清华易训 Cable 600 光纤实训仪面板中的 SC-SC 光纤端口上端，如图 5-1 所示。此时清华易训 Cable 600 光纤实训仪面板中的 SC-SC 光纤端口上部对应的两个指示灯长亮，表示此对 SC-SC 单模光纤插入线序正确，跳线连通状态良好，可以正常使用。

图 5-1 SC-SC 单模跳线测试图

将准备好的一对 SC-SC 单模光纤,一端插入清华易训 Cable 600 光纤实训仪面板中的 SC-SC 光纤端口下端;另外一端按照此对光纤的接口类型顺序,相互交叉,插入清华易训 Cable 600 光纤实训仪面板中的 SC-SC 光纤端口上端,如图 5-2 所示。此时清华易训 Cable 600 光纤实训仪面板中的 SC-SC 光纤端口上部对应的两个指示灯闪亮,表示此对 SC-SC 单模光纤插入线序错误,跳线连通状态为交叉连接,需要调整光纤跳线的顺序后才可正常使用。

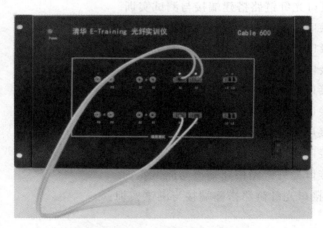

图 5-2 SC-SC 单模跳线交叉测试图

(2) 进行 SC-ST 接口光纤链路搭建端接与测试实训。

将准备好的一对 SC-ST 多模光纤,一端插入清华易训 Cable 600 光纤实训仪面板中的 SC-SC 光纤端口下端;另外一端按照此对光纤的接口类型顺序,插入清华易训 Cable 600 光纤实训仪面板中的 ST-ST 光纤端口上端,如图 5-3 所示。此时清华易训 Cable 600 光纤实训仪面板中的 ST-ST 光纤端口上部对应的两个指示灯长亮,表示此对 SC-ST 单模光纤插入线序正确,跳线连通状态良好,可以正常使用。

将准备好的一对 SC-ST 多模光纤,一端插入清华易训 Cable 600 光纤实训仪面板中的 SC-SC 光纤端口下端;另外一端按照此对光纤的接口类型顺序,相互交叉,插入清华易训 Cable 600 光纤实训仪面板中的 ST-ST 光纤端口上端,如图 5-4 所示。此时清华易训 Cable 600 光纤实训仪面板中的 ST-ST 光纤端口上部对应的两个指示灯闪亮,表示此对 SC-ST 单模光纤插入线序错误,跳线连通状态为交叉连接,需要调整光纤跳线的顺序后, 方可正常使用。

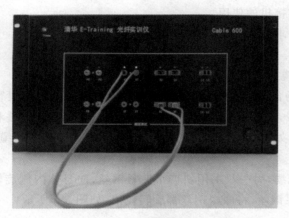

图 5-3　SC-ST 多模跳线测试图

图 5-4　SC-ST 多模跳线交叉测试图

重复以上步骤,可分别进行 SC-FC、SC-LC、ST-ST、ST-FC、ST-LC、FC-FC、FC-LC、LC-LC 等相同类型和不同类型接头的单模、多模光纤跳线端接与测试实训。

5.2　光纤熔接与光纤配线架安装实训

光纤熔接是使用光纤熔纤机将光纤和光纤或光纤和尾纤相连接成为一个整体。

在综合布线工程实施中,建筑群光缆进入建筑物时,在进线间将室外光缆转换为室内光缆,室内光缆布放至设备间,将室内光缆成端至光纤配线架时,通常把光缆中的裸纤和光纤尾纤通过光纤熔接成为一个整体,通常尾纤成端一个光纤连接器,将该光纤连接器接入光纤配线架的光纤耦合器,从而实现光缆成端。光纤熔接是光纤类布线施工中的最重要的操作。

5.2.1 光纤熔接实训

1. 实训目的

（1）掌握光纤熔接的基本知识。
（2）熟悉光纤熔接机的使用。
（3）能够按照要求完成光纤熔接工作。

2. 实训步骤

1）室外光纤开缆

光缆按照使用场合分为室内和室外光缆，室内光缆借助工具很容易开缆。室外光缆由于内部有钢丝拉线，开缆增加了一定的难度，室外开缆的一般方法和步骤如下。

（1）在光缆开口处找到光缆内部的两根钢丝，用斜口钳剥开光缆外皮，用力向侧面拉出一小截钢丝。

（2）一手握紧光缆，另一只手用斜口钳夹紧钢丝，向身体内侧旋转拉出钢丝；用同样的方法拉出另外一根钢丝，将两根钢丝都旋转拉出，如图 5-5 所示。

  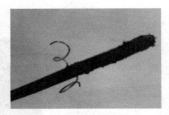

(a) 拨开光缆外皮　　　　　　(b) 拉出一根钢丝　　　　　　(c) 拉出两根钢丝

图 5-5　室外光纤开缆抽出钢丝

（3）用束管钳将任意一根的旋转钢丝剪断，留一根以备在光纤配线盒内固定。当两根钢丝拉出后，外部的黑皮保护套就被拉开了，用手剥开保护套，然后用斜口钳剪掉拉开的黑皮保护套，然后用剥皮钳将其剪剥后抽出。

（4）剥皮钳将保护套剪剥开，并将其抽出。

注意：由于光缆保护套内部有油状的填充物（起润滑作用），应用卫生纸和酒精棉球清洁，如图 5-6 所示。

（5）完成开缆。

(a) 剥去涂覆层　　　　　　(b) 清洁裸纤　　　　　　(c) 完成开缆

图 5-6　完成室外光纤开缆

2)光纤熔接

(1)剥开光纤与清洁的步骤如下。

① 剥开尾纤。使用光纤跳线,从中间剪断后,制作一条尾纤进行操作。使用光纤剥线钳剥开尾纤外皮,后抽出外皮,露出光纤的白色护套(剥出的白色保护套长度约为15cm)。

② 将光纤在食指上轻轻环绕一周,用拇指按住,留出光纤约为5cm,继续用光纤剥线钳剥开光纤保护套,在切断白色外皮后,轻缓将外皮抽出,露出看到透明状的光纤。

③ 使用光纤剥线钳上的最小口径,轻轻地夹住光纤,轻缓地把剥线钳抽出,刮掉光纤上的树脂保护膜。

④ 使用酒精棉球或无尘纸和无水酒精清洁剥除掉树脂保护套的裸纤。

剥离光纤涂覆层与清洁光纤纤芯的操作过程如图5-7所示。

(a) 剥除尾纤外皮

(b) 剥除光纤外护套

(c) 刮除树脂保护膜

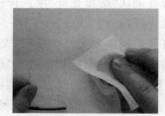
(d) 用酒精清洁裸纤

图5-7 剥除光纤涂覆层与清洁光纤纤芯的操作过程

(2)切割光纤与清洁的步骤如下。

① 安装热缩保护管。将热缩套管套在一根待熔接光纤上,用以熔接后保护接点。

② 制作光纤端面。用剥皮钳剥去光纤被覆层约30~40mm,用干净酒精棉球擦去裸光纤上的污物;用高精度光纤切割刀将裸光纤切去一段,保留裸纤12~16mm;将安装好热缩套管的光纤放在光纤切割刀中较细的导向槽内;然后依次放下大小压板;左手固定切割刀,右手扶住刀片盖板,迅速向远离身体的方向推动切割刀刀架,完成光纤的切割部分。

(3)安放光纤的步骤如下。

① 打开熔接机防风罩使大压板复位,显示器显示"请安放光纤"。

② 分别打开光纤大压板将切好端面的光纤放入V形载纤槽,光纤端面不能触到V形载纤槽底部。

③ 盖上熔接机的防尘盖后,检查光纤的安放位置是否合适,在屏幕上显示两边光纤

位置居中为宜。

切割、清洁与将光纤放入熔接机的操作过程如图 5-8 所示。

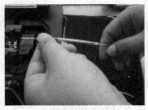
(a) 安装热缩保护管

(b) 放入切割刀导槽

(c) 固定光纤

(d) 放入V形载纤槽

(e) 盖上防尘盖，完成熔纤

(f) 显示熔纤过程

图 5-8　切割、清洁与将光纤放入熔接机的操作过程

（4）光纤熔接。熔接机自动进行熔接的具体步骤如下。

① 检查确认"熔接光纤"项选择正确。

② 做光纤端面。

③ 打开防风罩及光纤大压板，安装光纤。

④ 盖下防风罩，则熔接机进入"请按键，继续"操作界面，按 RUN 键，熔接机进入全自动工作过程：自动清洁光纤、检查端面、设定间隙、纤芯准直、放电熔接和接点损耗估算，最后将接点损耗估算值显示在显示屏幕上。

⑤ 当接点损耗估算值显示在显示屏幕上时，按 FUNCTION 键，显示器可进行 X 轴或 Y 轴放大图像的切换显示。

⑥ 按下"熔接"键完成光纤熔接操作要求。

（5）加热热缩管的步骤如下。

① 取出熔接好的光纤，依次打开防风罩、左右光纤压板，小心取出接好的光纤，避免碰到电极。

② 移放热缩管。将事先装套在光纤上的热缩管小心地移到光纤接点处，使两光纤被覆层留在热缩管中的长度基本相等。

③ 加热热缩管。

3）盘纤固定

将熔接好的光纤盘到光纤收容盘内，在盘纤时，盘圈的半径越大，弧度越大，整个线路的损耗越小。所以一定要保持一定的半径，使激光在光纤传输时，避免产生一些不必要的损耗。

盘纤完成后，盖上盘纤盒盖板。

光纤跳线架盘纤、ODF 熔接及光纤连接方式如图 5-9 所示。

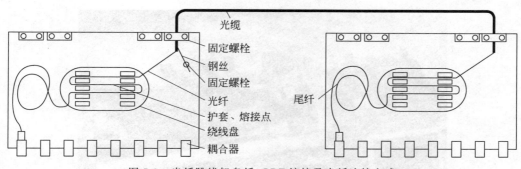

图 5-9 光纤跳线架盘纤、ODF 熔接及光纤连接方式

5.2.2 光纤配线架安装

光纤配线架(optical distribution frame,ODF)是光缆和光通信设备之间或光通信设备之间的配线连接设备,用于光纤通信系统中局端主干光缆的成端和分配,可方便地实现光纤线路的连接、分配和调度。

光纤配线架的主要功能包括光缆固定保护、光纤终接、光缆纤芯调度、纤芯保护和标识记录功能等。

光纤配线架通常有单元式、抽屉式和模块式三种结构形式。其中,模块式结构是把光纤配线架分成多种功能模块,光缆的熔接、调配线、连接线存储及其他功能操作分别在各模块中完成,模块可以根据需要组合安装到一个公用的机架内。模块式结构可提供最大的灵活性,较好地满足通信网络的需要。模块式大容量光纤分配架利用面板和抽屉等独特结构,使光纤的熔接和调配线操作更方便。

在工程实践中,常用机架结构形式的光纤配线架,此类配线架机架结构有封闭式、半封闭式和敞开式三种类型;机架高度分为 2600mm、2200mm 和 2000mm 三种,宽度选用 120mm 的整数倍,深度选用 300mm、450mm 和 600mm 三种,在安装时要求机架外形尺寸的偏差不超过±2mm;外表面对底部基准面的垂直度公差不大于 3mm。

光纤配线架的选型是一项重要而复杂的工作,应根据本地的具体情况,充分考虑各种因素,在认真了解、反复比较的基础上,选出一种最能满足当前需要和未来发展的光纤配线架。

1. 实训目的

本次实训完成机架式光纤配线架的安装与光缆成端。

2. 实训工具、材料与设备

(1) 实训工具与材料有开缆工具、钢丝钳、凯夫拉线剪刀、光纤剥离钳、螺丝刀、光纤切割刀、单芯光纤熔接机、酒精棉、卫生纸等,如图 5-10 所示。

(2) 实训设备有网络机柜 1 台,24 口光纤配线架 1 台,12 芯单模光缆 1 条,FC 型光纤耦合器 12 个,单模尾纤 12 根,热缩套管 12 个。

3. 实训步骤

(1) 安装 FC 型光纤耦合器。依次将 12 个 FC 型光纤耦合器安装在光纤配线架上,安装过程如图 5-11 所示。

图 5-10　实训工具与材料

(a) 安装第一个FC型光纤耦合器

(b) 将12个FC型光纤耦合器安装在光纤配线架上

(c) 安装FC型光纤耦合器后的光纤配线架外观

图 5-11　安装 FC 型光纤耦合器

（2）光缆开缆与分离光纤。将 12 芯单模光缆经光纤配线架进缆孔穿入光纤配线架，使用开缆工具对 12 芯单模光缆进行开缆，开缆长度约为 50cm，用卫生纸清洁光缆内的油膏，用凯夫拉线剪刀清理凯夫拉线，用钢丝钳剪去钢丝，保留大约 8cm 钢丝供固定光缆和做接地处理使用，最后将两束光缆子管中的裸光纤分离出来。操作过程如图 5-12 所示。

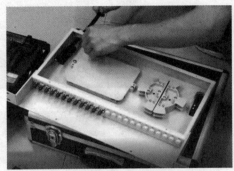

(a) 将光缆穿入光纤配线架

(b) 用纵向开缆工具开缆

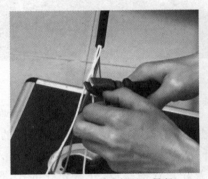

(c) 清洁光缆后，剪去钢丝，保留8cm

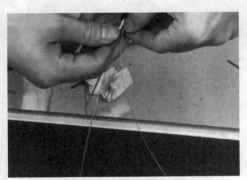

(d) 分离裸光纤

图 5-12　光缆开缆与分离光纤过程

（3）光纤熔接。将光缆中的裸光纤用光纤剥离钳剥去涂覆层，用光纤切割刀切割光纤端面，置入光纤熔接机 V 形槽中；将光纤尾纤剥去外护套，剪去凯夫拉线，套上热缩套管，剥去涂覆层，切割光纤端面，置入光纤熔接机的另一端 V 形槽中；盖好光纤熔接机的防风盖，进行光纤熔接；熔接完成后，取出光纤，移动热缩套管至熔接点处，放入热塑槽中热塑，热塑完成后风机自动开启进行冷却，完成后取出光纤。操作过程如图 5-13 所示。

(a) 剥去裸光纤涂覆层

(b) 切割裸光纤端面

图 5-13　光缆光纤与尾纤熔接过程

(c) 将裸光纤置入光纤熔接机V形槽中

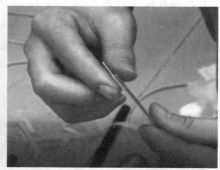
(d) 将热缩套管套入尾纤

(e) 对尾纤剥离涂覆层，切割端面，然后将其置入另一V形槽中，准备熔接

(f) 加热热缩套管

图 5-13（续）

（4）光纤配线架盘纤。按照步骤(3)的操作过程，完成12根光缆光纤与尾纤的熔接，并依次将熔接好的光纤在光纤配线架内完成盘纤操作，将各尾纤的光纤连接器插入光纤配线架上的光纤耦合器的接口内，盘纤完成后要盖好套管槽盖板，并做光纤绑扎，最后固定好光缆，盖上光纤配线架面板并固定。盘纤操作如图5-14所示。

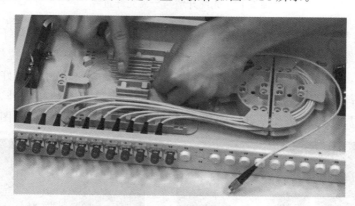

图 5-14　光缆光纤与尾纤熔接过程

（5）机架安装光纤配线架。将光纤配线架在网络机柜的合适机架位置进行安装固定，通常根据光缆进入网络机柜的位置就近安装，光纤配线架固定好之后，需要将多余的光缆在网络机柜内盘留。注意，光缆的弯曲半径不小于30mm。操作如图5-15所示。

(a) 将光纤配线架安装在网络机柜机架上

(b) 光缆在机柜中盘留及固定

图 5-15　机架安装光纤配线架

5.3　光纤冷接实训

光纤冷接是指使用光纤快速连接器跟光纤冷接子将两根光纤通过机械方式连接起来。

随着FTTH光纤到户应用的迅猛发展，光纤冷接施工应用迅速普及。光纤快速连接器和光纤冷接子在FTTH接入中发挥不可替代的作用，它们的现场端接技术无须熔接且操作方便快捷、接续成本低，便于实现随时随地的光纤接入。

5.3.1　光纤快速冷接实训

1. 实训目的

(1) 掌握光纤连接器和光纤冷接子连接的基本知识与操作方法。
(2) 熟悉光纤快速连接器冷接和光纤冷接子连接的操作过程。

2. 实训步骤

光纤快速连接器组件如图5-16所示，使用光纤快速连接器冷接的操作步骤如图5-17所示，完成冷接操作后如图5-18所示。

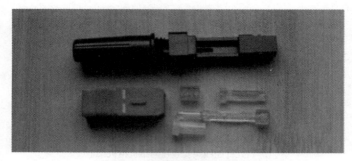

图 5-16 光纤快速连接器组件

(1) 接续前的准备工作

(2) 打开螺母待用

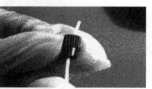
(3) 光纤套入螺母内

(4) 剥掉光纤涂覆层,裸纤长约 30mm

(5) 测量已剥好的裸光纤长度

(6) 用无尘纸或无尘布蘸少量酒精紧贴裸光纤擦拭干净,必要时请重复清洁

(7) 把光纤放入相应的切割位置进行切割。切割长度:$\phi 900\mu m$ 的光纤为长度12mm;$\phi 250\mu m$ 的光纤长度为11mm

(8) 把已切割好的光纤小心地插入接续导向口内

(9) 用手轻推光纤,确定光纤在对准位置

图 5-17 使用光纤快速连接器冷接的操作步骤

图 5-18 完成冷接操作

3. 光纤冷接子连接实训

光纤冷接子是两根尾纤对接时使用的,它内部的主要部件就是一个精密的 V 形槽,在两根尾纤拨纤之后利用冷接子来实现两根尾纤的对接。其操作起来简单快速,比用熔接机熔接省时间。

光纤冷接子连接操作流程如下:

(1) 剥除待接续光纤外皮;
(2) 清洁光纤;
(3) 切割光纤;
(4) 光纤对接;
(5) 光纤接续与压接。

图 5-19 所示为各种布线场合下光纤冷接的实际应用连接情况。

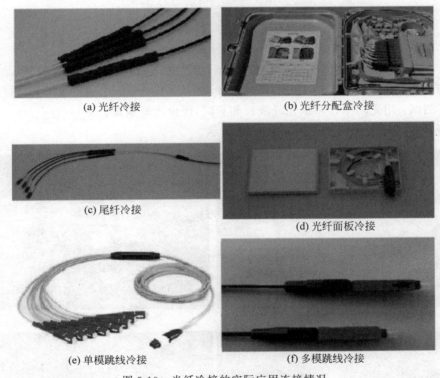

(a) 光纤冷接　　(b) 光纤分配盒冷接
(c) 尾纤冷接
(d) 光纤面板冷接
(e) 单模跳线冷接　　(f) 多模跳线冷接

图 5-19　光纤冷接的实际应用连接情况

5.3.2　光纤入户冷接实训

1. 实训材料与工具

本实训的实训材料与工具包括无水酒精、无尘纸、皮线钳、切割刀、米勒钳、定长器、光功率计、皮缆线、光纤转换器 SC 等,如图 5-20 所示。

2. 实训步骤

(1) 剥除:开剥皮线光缆,开剥长度 5cm 左右,用定长器卡住光纤,用米勒钳刮掉光纤涂覆层。

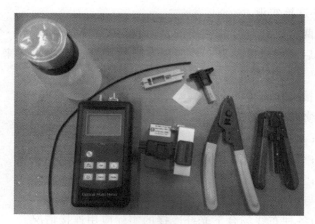

图 5-20 光纤入户冷接实训材料与工具

（2）清洁：用无尘纸蘸酒精清洁光纤纤芯。

（3）切割：用光纤切割刀切割光纤端面，使其满足成端需求。

（4）冷接：将皮线光缆放入 SC 嵌件，卡紧，盖上盖子，将光纤插到底，锁紧，注意光纤必须有弯曲，但不高于 V 形槽 1mm，完成压接。

（5）测试：用光功率计测试光纤波长和衰减，评价光纤质量。

光纤入户冷接实训操作过程如图 5-21 所示。

(a) 开剥皮线光缆

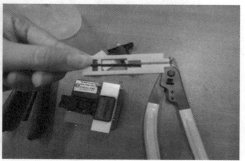

(b) 用定长器卡住光纤

(c) 用米勒钳刮掉光纤涂覆层

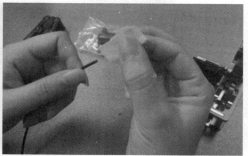

(d) 用无尘纸蘸酒精清洁光纤

图 5-21 光纤入户冷接实训操作过程

(e) 用光纤切割刀切割光纤端面

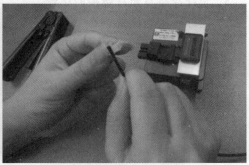
(f) 将皮线光缆放入SC嵌件

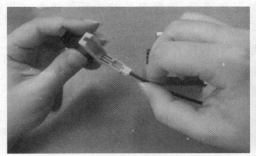
(g) 将光纤插到底并锁紧

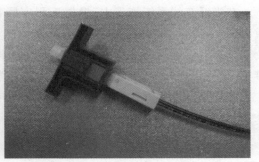
(h) 完成压接

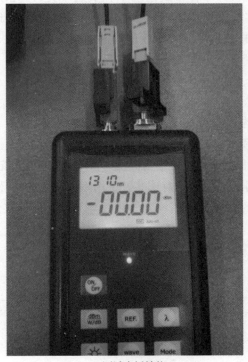
(i) 测试光纤性能

图 5-21(续)

3. 光纤冷接与光纤熔接的比较

1) 光纤冷接的优缺点

优点：操作简单，容易掌握，不需要电力，不会损害光纤的材料，适用于现场施工环境等。

缺点：损耗较高，会降低信号质量、连接质量易受到环境影响、对接时间较长。

2) 光纤熔接的优缺点

优点：连接稳定、可靠，损耗低，信号质量好，适用于长距离传输。

缺点：成本较高，需要配备专业设备和技术人员，不便于现场施工环境等。

3) 光纤连接方式的选择

在光纤布线系统施工中，根据工程实际情况和需要，选择合适的光纤连接方式非常重要。

如果现场施工条件较为苛刻，需要快速构建网络，推荐采用光纤冷接。当然，对最大带宽、最低损耗、最高可靠性有要求时，则应选择光纤熔接。

两种光纤连接方式各有优劣，应根据不同情况灵活选择，从而达到最佳施工效果。

本 章 小 结

通过本章的学习，应掌握综合布线系统工程实施中光纤/光缆的操作应用，重点掌握光纤熔接、光纤冷接的实践操作技能，熟悉建筑群光缆与建筑物干线光线的接合方法、光纤配线架/光纤配线箱的安装，了解光纤性能检测的相关要求。

习 题

(1) 简述光纤的结构和分类。

(2) 简述单模光纤和多模光纤的区别、特点与应用领域。

(3) 列举光纤连接器的种类与光纤端面的种类，并简述其标记方法与应用领域。

(4) 室内光缆与室外光缆的区别有哪些？常用室外光缆的型号及其结构特点是什么？

(5) 常用光纤跳线的种类有哪些？光纤跳线与光设备的连接注意事项有哪些？

实践作业10：光纤配线架安装及盘纤操作

本实践在综合布线实训室进行，使用清华易训实训装置完成机架式光纤配线架的安装及模拟建筑群光缆与直线光纤的连接。本实践以工作小组为单位，完成以下实践目标。

(1) 在网络机柜中完成机架式光纤配线架的安装。
(2) 将多芯光缆引入网络机柜并引入光纤配线架内。
(3) 在光纤配线架内固定光缆，并将光缆中各光纤与尾纤熔接。
(4) 将熔接后的光纤在光纤配线中盘纤并接续至光纤耦合器。
(5) 完成光纤配线架安装及光缆接入。

请将实践过程和小结填入下表。

实践作业 10

工作小组	
工机具要求	
工作过程	
工作小结	
工作成绩	
指导教师		成绩评定	

实践作业 11：光纤冷接操作

本实践在综合布线实训室进行，使用清华易训实训装置完成光纤冷接操作实践，并以工作小组为单位，完成以下实践目标：

(1) 掌握光纤连接器和光纤冷接子连接操作方法与操作过程；
(2) 掌握光纤入户冷接所需的材料与工具；
(3) 掌握光纤入户冷接的操作步骤；
(4) 了解光纤冷接与光纤熔接各自的优缺点和应用。

请将实践过程和小结填入下表。

实践作业 11

工作小组	
工机具要求	
工作过程	
工作小结	
工作成绩	
指导教师		成绩评定	

第6章 综合布线系统工程测试与验收实训

学习目标：
(1) 掌握双绞线各类压接、端接测试实训。
(2) 掌握单模、多模光纤跳线测试。
(3) 熟悉综合布线系统工程验收内容与竣工技术文档的编制。
(4) 了解综合布线系统工程现场验收的验收过程。

6.1 综合布线系统工程测试实训

综合布线系统工程测试是综合布线系统工程建设的一项重要内容，是评估综合布线系统工程的建设质量，确保综合布线系统工程高效建设的重要技术手段。

综合布线系统工程测试实训的主要内容包括网络跳线测试实训、通信端接测试实训、网络配线端接测试实训和光纤/光缆配线测试实训等。

本节的具体实训项目如下。
(1) 标准网络机架和设备安装实训。
(2) RJ45水晶头压接和标准跳线制作实训。
(3) 网络信息模块压接和电话信息模块压接实训（包括测试）。
(4) 双绞线接线图测试（配合线缆故障箱）。
(5) 网络信息模块原理压接实训。
(6) 110型跳线架端接实训（机架上需配110型通信配线架）。
(7) RJ45网络跳线架端接实训（机架上配RJ45跳线架）。
(8) 基本永久链路实训（机架需配RJ45网络配线架）。
(9) 复杂永久链路实训（机架需配110型通信跳线架和RJ45网络配线架）。
(10) 单模光纤测试实训，耦合器接口包括SC-SC、SC-ST、LC-LC三组。
(11) 多模光纤测试实训，耦合器接口包括SC-SC、SC-ST、LC-LC三组。
(12) 光纤链路实训（配光纤配线架，可选）。

实训设备以清华易训 Cable 800 光缆实训仪为例。

6.1.1 标准网络机架和设备安装实训

1. 实训目的

(1) 掌握标准网络机架和实训设备的安装。

(2) 认识常用的网络综合布线系统工程器材和设备。
(3) 掌握网络综合布线常用工具和安装操作技巧。

2. 实训要求

(1) 设计网络机架内设备的安装施工图。
(2) 完成开放式标准网络机架的安装。
(3) 完成 1 台 19 寸 6U 清华易训 Cable 800 光缆实训仪安装。
(4) 完成 1 台 19 寸 3U 清华易训 Cable Tester 线缆故障演示箱安装。
(5) 完成 1 个 19 寸 1U 24 口标准网络配线架安装。
(6) 完成 1 个 19 寸 1U 110 型标准通信跳线架安装。
(7) 完成 2 个 19 寸 1U 标准理线环安装。
(8) 完成电源安装。

3. 实训设备、材料和工具

(1) 开放式网络机柜底座 1 个、侧立板 2 个、顶盖板 2 个、电源插座和配套螺丝。
(2) 1 台 19 寸 6U 清华易训 Cable 800 光缆实训仪。
(3) 1 台 19 寸 3U 清华易训 Cable Tester 线缆故障演示箱。
(4) 1 个 19 寸 1U 24 口标准网络配线架。
(5) 1 个 19 寸 1U 110 型标准通信跳线架。
(6) 2 个 19 寸 1U 标准理线环。
(7) 配套螺丝、螺母。
(8) 配套十字头螺丝刀、活扳手、内六方扳手。

4. 实训步骤

(1) 设计网络机柜施工安装图。参考清华易训 PDS 100 的结构,布置好标准机架的安装放置位置,用 Visio 软件设计机柜设备安装位置图(或者参考厂商提供的安装示意图)。

(2) 安装器材和工具准备。将设备开箱,逐一清点安装组件,按照安装顺序清理,摆置好各个组件。

(3) 机柜安装。按照设计好的标准开放式机柜的安装图(或者按照厂商提供的安装示意图),把底座、侧板、顶盖、电源等进行逐一装配,保证安装垂直、牢固。

(4) 网络设备和实训仪器的安装。按照设计好的施工图纸安装全部网络设备。保证每台设备位置正确,左右整齐和平直。

(5) 检查和通电。设备安装完毕并按照施工图纸仔细检查,确认全部符合施工图纸后,再接通电源进线测试。

完整安装标准机架的过程如图 6-1 所示。

5. 实训报告

(1) 完成网络机柜设备安装施工图的设计。
(2) 总结标准网络机架和实训设备安装流程和要点。
(3) 写出标准 1U 机架和 1U 实训设备的规格和安装孔尺寸。

第6章 综合布线系统工程测试与验收实训

- 清华易训Cable线缆故障箱
- 清华易训Cable 800光缆实训仪
- RJ45跳线架（24口）
- 110型通信配线架
- 光纤配线架
- 托板（工具、零件放置盒）
- 电源插线板
- 地弹电源插座

(a) 清华易训PDS 100实训系统装置结构图

(b) 清华易训PDS 100 综合布线实训系统机架安装示意图

图 6-1 清华易训 PDS 100 综合布线实训系统机架示意图

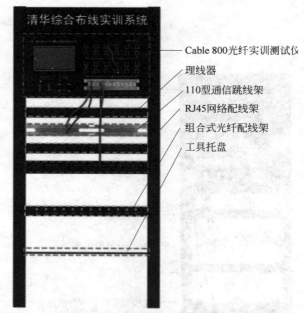

(c) 清华易训综合布线实训系统机架安装正面图

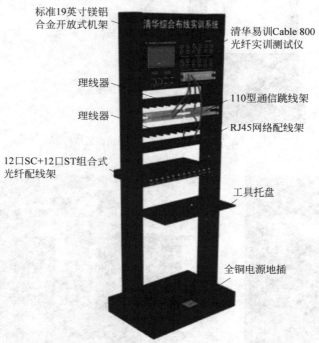

(d) 清华易训综合布线实训系统机架安装侧面示意图

图 6-1(续)

6.1.2 RJ45 头压接和标准跳线制作实训

1. 实训目的

（1）认识 RJ45 水晶头，掌握 RJ45 水晶头的制作工艺及操作规程，熟练制作各种标准各种跳线。

(2) 熟悉 T568B 标准,熟练选择各种标准双绞线跳线。

(3) 掌握各种 RJ45 水晶头和网络跳线的测试方法。

(4) 掌握双绞线压接的常用压接工具的使用。

2. 实训要求

(1) 完成双绞线两端剥线、线对色序分离。

(2) 完成 3 根双绞线跳线的制作。

(3) 完成 3 根双绞线跳线的测试。

3. 实训设备、材料和工具

(1) 0.5m 长的网线 3 根、6 个水晶头。

(2) 剥线钳、压线钳各 1 把。

4. 实验步骤

(1) 在清华易训 Cable 800 光缆实训仪触摸显示屏上选择"实验一 RJ45 跳线压接测试"按钮,选择第一组,如图 6-2 所示。

图 6-2 清华易训 Cable 800 选择 RJ45 跳线压接测试

(2) 用剥线钳剥开双绞线的一头外绝缘护套 2cm 左右,在剥护套过程中,注意小心转动剥线钳,不要对里面的双绞线线芯造成损伤。

(3) 拆开 4 对线对,按照 T568B 标准(即线对顺序为橙白、橙、绿白、绿、蓝、蓝白、棕白、棕)将线对排列好。

(4) 水晶头刀片向上,用压线钳将线对压入水晶头。

要注意 RJ45 水晶头引脚序号,当面对金属片时,从左至右引脚序号是 1～8,这个序号要准确。

(5) 重复以上步骤,将双绞线另外一端压入水晶头。水晶头制作完成。

(6) 用压制好的一根双绞线跳线,将双绞线的两端 RJ45 水晶头插入 Cable 800 面板上"跳线测试"功能区的第一组 RJ45 上下端口,此时液晶显示屏上即可显示此跳线的线序图示和通断情况,并显示出接线图类型的具体判断结果,如交叉、开路、短路、跨接等。

(7) 重复以上工作,完成 3 组双绞线跳线制作和测试实训工作,液晶显示屏上的组选择区域对应的组别数字的颜色,其中绿色表示接通,红色表示错误,灰色表示未接。

(8) 如三组都制作正确，则显示测试结果，完整操作过程如图 6-3 所示。

(a) 剥开双绞线绝缘外套

(b) 将4对线缆按照正确顺序排

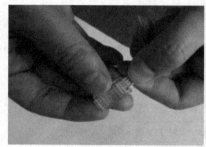
(c) 水晶头刀片冲上，按照正确顺序把线对压入水晶头

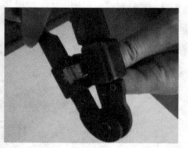
(d) 用压线钳将水晶头压紧

(e) 制作完毕的双绞线水晶头

(f) 制作完成的双绞线跳线

(g) RJ45跳线压接测试的第一组测试实训

图 6-3　清华易训 Cable 800 选择 RJ45 跳线压接测试实训的完整操作过程

说明：双绞线跳线的制作，可同时参考相关教程和清华易训 PDS 实训手册。

5. 实训报告

（1）写出双绞线 8 芯线的色谱和 T568B 和 T568A 的端接线序。

（2）写出 RJ45 水晶头端接线的原理。

（3）写出制作网络标准跳线的方法和注意事项。

（4）思考标准跳线中直通线和交叉线的区别，以及应用的场合。

6. 实验说明

本实训可以结合清华易训 Cable 线缆故障箱一起做接线图的测试、验证实验，以便让学生清楚地了解，掌握各种跳线制作的相同和区别，了解双绞线接线图的各类故障以及解决办法。

6.1.3 网络信息模块和电话模块压接实训

1. 实训目的

（1）认识网络信息插座和电话插座。

（2）区分手工压接和自动压接信息模块的不同。

（3）熟悉网络信息模块和电话模块的压接顺序。

2. 实训要求

（1）完成手工网络信息模块和电话模块的压接。

（2）完成免打压网络信息模块和电话模块的压接。

（3）理解网络信息模块和电话模块压接的线缆线序。

3. 实训设备、材料和工具

本实训需要使用剥线钳、压线钳、偏口钳、网络信息模块 2 个、电话模块 2 个、单口网络信息模块、双口网络信息模块面板各两个、50cm 长的超 5 类（CAT5e）双绞线跳线 2 根、50cm 长标准四芯电话线 2 根。

4. 实验步骤

1）手工压接信息模块实训操作步骤

（1）将一根超 5 类双绞线一端用剥线钳剥开 3cm 左右，分开 4 对线缆，即绿白、绿，棕白、棕，蓝白、蓝，橙白、橙。

（2）用简易压线钳将分开的 4 对线缆按照 RJ45 信息模块侧面的色标提示分别压入线槽，随后用偏口钳剪掉多余的线头。

（3）将压接好的 RJ45 信息模块装配到单口网络信息模块面板上。

（4）将一根标准四芯电话线的一端用剥线钳剥开 3cm 左右，分开 2 对线缆。

（5）用简易压线钳将分开的 2 对线缆按照电话模块侧面的色标提示分别压入线槽，随后用偏口钳剪掉多余的线头。实训操作过程如图 6-4 所示。

2）免打压信息模块实训操作步骤

（1）将一根超 5 类双绞线一端用剥线钳剥开 3cm 左右，分开 4 对线缆分别为棕白、棕，绿、绿白、蓝、蓝白、橙白、橙。

(a) RJ45信息模块压入线缆　　　　　　(b) 完成的线缆压入

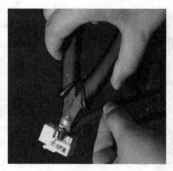 

(c) 剪掉多余的芯线　　　　　　(d) 将4芯电话线压入模块并剪去多余芯线

图 6-4　手工压接 RJ45 信息模块的实训操作过程

（2）选择一个免打压网络信息模块，将分开的 4 对线缆按照上面顺序塞入免打压信息模块的夹槽中。

（3）用力扣压模块上盖，完成线缆压接，然后用偏口钳剪掉多余的线头。

（4）将一根 4 芯电话线的一端用剥线钳剥开 3cm 左右，分开 2 对线缆，分别为蓝、蓝白，棕，棕白。

（5）重复以上步骤，完成免打压电话模块的压接。

免打压信息模块和免打压电话模块的压接实训过程如图 6-5 所示。

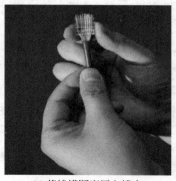 

(a) 将线缆顺序压入槽中　　　　　　(b) 剪掉多余的线头

图 6-5　免打压信息模块和免打压电话模块的压接实训过程

(c) 将线缆置入模块中　　　　　　(d) 用力下压线槽盖

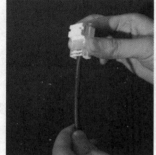 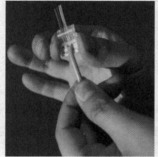 

(e) 完成后的免打压信息模块压接　　(f) 将电话线缆放置槽中　　(g) 压制好的电话信息模块

图　6-5(续)

3) 安装到信息面板插座上

(1) 将制作好的一个手工压接网络信息模块和一个免打压信息模块分别扣入双口信息模块插座面板上,进行压接状态测试。

(2) 将制作好的一个手工压接网络信息模块和一个手工压接电话模块分别扣入双口信息模块插座面板上,进行压接状态测试。模块安装操作结果如图 6-6 所示。

 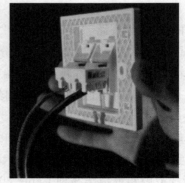

(a) 双口免打压模块压入网络信息插座面板　　(b) 双口网络和电话模块压入插座面板

图 6-6　网络信息模块和电话模块的压接信息面板操作结果

5. 实训报告

(1) 写出网络信息模块和电话模块的区别和不同。
(2) 理解手工压接信息模块和免打压信息模块的压接过程的区别。
(3) 思考如何使用清华 Cable 800 线缆实训仪测试制作好的信息模块。

6.1.4 双绞线接线图测试实训

1. 实训目的

(1) 认识常见双绞线接线图的类型。
(2) 区别和理解双绞线 4 个线对的概念。
(3) 熟悉 T568B 和 T568A 标准,熟练选择各种标准双绞线跳线。

2. 实训要求

(1) 完成清华线缆故障箱的七种接线图测试。
(2) 理解画出常见接线图的线对图形。

3. 实训设备、材料和工具

本实训需要使用:清华易训 Trouble Test 线缆故障箱 1 台(或易训 Cable 300 线缆故障实训仪);六类(CAT6)、超五类(CAT5e)标准跳线各两根。

4. 实验步骤

(1) 打开清华易训 Cable 线缆故障箱和清华易训线缆实训仪 Cable 800 电源,设备显示正常工作。

(2) 将 2 根 CAT5e 标准跳线的一端插入线缆故障箱 CAT5e 的两个 RJ45 接口,另外一端分别插入线缆实训仪 Cable 800 面板上的网络跳线测试功能区的第一组上下两个 RJ45 端口。

(3) 按下线缆故障箱的 CAT5e 按钮,选择"串扰"(系统默认情况下为串扰模式),观察线缆实训仪 Cable 800 的液晶显示屏显示的接线图图形,分析"串扰"接线图故障的形成和解决办法。

(4) 依次选择"开路""交叉""反接""跨接""短路""串扰"按钮,观察线缆实训仪 Cable 800 的液晶显示屏显示的接线图图形,分析对应接线图故障的形成和解决办法。

(5) 将 2 根 CAT6 标准跳线的一端插入线缆故障箱 CAT6 的两个 RJ45 接口,另外一端分别插入线缆实训仪 Cable 800 的网络跳线测试功能区的第二组上下两个 RJ45 端口,操作过程如图 6-7 所示。

(6) 重复以上步骤(3)和(4),分析和学习 CAT6 接线图故障的形成和解决办法。

(7) 实训仪测试双绞线接线图显示。清华易训 Cable 800 光缆实训仪配合清华易训 Cable1 线缆故障箱或清华易训 Cable 300 线缆故障演示实训仪,可以进行线双绞线接线图绝大多数故障测试,包括正确、开路、反接、跨接、短路等常见形式的故障分析,各种接线图界面见表 6-1。

第6章 综合布线系统工程测试与验收实训 147

(a) 选择"RJ45跳线压接测试"按钮

(b) 线缆故障箱CAT5e端口连接Cable 800实训仪实验一端口

(c) 线缆故障箱CAT6端口连接Cable 800实训仪实验一端口

图 6-7 跳线连接线缆故障箱和 Cable 800 实训仪

表 6-1 各种接线图界面

接线图	示意图形	清华易训 Cable 800 测试界面
正确	1—1 2—2 3—3 6—6 4—4 5—5 7—7 8—8	1—1 2—2 3—3 6—6 4—4 5—5 7—7 8—8
交叉	1—1 2×2 3—3 6—6 4—4 5—5 7—7 8—8	1—1 2×2 3—3 6—6 4—4 5—5 7—7 8—8

续表

接线图	示意图形	清华易训 Cable 800 测试界面
跨接	1-1, 2-2, 3-3, 6-6, 4-4, 5-5, 7-7, 8-8(1,2,3,6交叉)	(对应测试图)
反接	1-2, 2-1, 3-3, 6-6, 4-4, 5-5, 7-7, 8-8	(对应测试图)
短路	1-1, 2-2, 3-3, 6-6, 4-4, 5-5, 7-7, 8-8(1与3短接)	(对应测试图)
开路	1—1(断), 2-2, 3-3, 6-6, 4-4, 5-5, 7-7, 8-8	(对应测试图)
串绕	1-1, 2-2, 3-3, 6-6, 4-4, 5-5, 7-7, 8-8(4、6串绕)	(对应测试图)

说明：双绞线线对串绕所产生的串扰需要更高性能的测试仪器，如 Fluke DTX 系列才能显示出更加准确的示意图形，清华易训 Cable 800 线缆实训仪这里显示是正确接线图图形，但是要明白其根本区别。

6.1.5 基本永久链路实训

1. 实训目的

(1) 掌握网络永久链路的概念。

第6章 综合布线系统工程测试与验收实训

（2）掌握标准跳线制作方法和技巧。

（3）掌握RJ45网络配线架的端接方法。

2．实训要求

制作6个网络跳线，并完成端接，组成三组网络链路。

3．实训设备、工具和材料

简易打线器，1m双绞线6根，12个RJ45网络水晶头，偏口钳、剥线钳、压线钳各1把。注意，本实训需配备RJ45网络配线架。

4．实训步骤

（1）在清华易训Cable 800光缆实训仪触摸屏幕上选择"实验一　RJ45跳线压接测试"按钮，并确认当前组别是第一组。如果不是默认第一组，请选择"第一组"按钮。

（2）选择一根网线，使用两个水晶头，按照T568B标准线序制作跳线，即线序为橙白、橙、绿白、绿、蓝、蓝白、棕白、棕。

（3）将制作好的一根跳线两端水晶头分别插入Cable 800线缆实训仪面板上"跳线网络测试"功能区的第一组上下RJ45测试端口中，保证测试通过，跳线制作合格。

（4）将此跳线一端水晶头插入Cable 800线缆实训仪的"网络跳线测试"功能区第一组上方RJ45端口中，另一端插在下方机架上的RJ45网络配线架正面第一个RJ45端口中。

（5）把第二根网线一端首先按照T568B线序做好RJ45水晶头，然后插在Cable 800线缆实训仪"跳线网络测试"功能区第一组下方RJ45口中。把第二根网线另一端剥开30mm绝缘皮，将8芯线拆开并打散，按照T568B的4对颜色标准线序端接在网络配线架模块中，即蓝白、蓝、橙白、橙、绿白、绿的顺序。这样就形成了一个4次端接的永久链路。

（6）压接好模块后，观察Cable 800的液晶显示屏实验一显示的测试结果，观察线序结果，对应的实验一区的第一组测试结果通过合格，则表明链路合格。

（7）重复以上步骤，完成四个网络链路和测试，如图6-8所示。

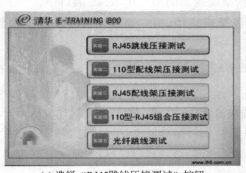 

(a) 选择"RJ45跳线压接测试"按钮　　(b) 按照T568B标准线序，跳线端接网络配线架

图6-8　清华易训Cable 800实训仪基本永久链路测试

(c) 形成一个4次端接的永久链路

图 6-8(续)

5. 实训报告

(1) 设计1个带CP集合点的综合布线永久链路图。

(2) 总结对比永久链路的端接技术，区别T568A和T568B端接线顺序和方法。

(3) 总结RJ45模块和4对连接模块端接方法。

6.1.6 复杂永久链路实训

1. 实训目的

(1) 设计复杂永久链路图。

(2) 熟练掌握110型通信跳线架和RJ45网络配线架端接方法。

(3) 掌握永久链路测试技术。

2. 实训要求

(1) 完成4根网络跳线制作。一端插在实训仪800的"网络跳线测试"功能区第一组下方的RJ45口中，另一端插在机架上RJ45网络配线架的第一个RJ45端口中。

(2) 完成4根网线端接。一端端接在配线架模块中，另一端端接在110型通信跳线架连接块下层。

(3) 完成4根网线端接。一端RJ45水晶头端接并且插在测试仪中，另一端端接在通信跳线架连接块上层。

(4) 完成四个网络永久链路，每个链路端接6次48芯线，端接正确率100%。

3. 实训设备、材料和工具

(1) Cable 800 线缆实训仪。

(2) RJ45水晶头12个、500mm网线12根、4色对110型通信跳线架模块、RJ45网络配线架。

(3) 110型打线器、剥线器1把、压线钳1把、简易打线器1把、偏口钳1把。

4. 实训步骤

(1) 准备材料和工具,打开Cable 800线缆实训仪电源开关。在清华易训Cable 800光缆实训仪触摸屏幕上选择"实验一　网络跳线压接测试"按钮,并确认当前组别是第一组。如果不是默认第一组,请按"第一组"按钮。

(2) 按照T568B标准,制作两端RJ45水晶头,制作完成第一根网络跳线,两端RJ45水晶头插入Cable 800线缆实训仪"网络跳线测试"功能区第一组RJ45端口中,测试合格后,将一端水晶头插入Cable 800线缆实训仪"网络跳线测试"功能区第一组下方RJ45端口中,另一端插入机架上网络配线架正面第一组RJ45端口中。

(3) 将第二根网线两端剥去30mm绝缘皮,将两端线缆拆开,一头按照T568B的四对色标准,即蓝白、蓝、橙白、橙、绿白、绿、棕白、棕的顺序,用压线钳端接在机架上RJ45网络配线架反面第一组4色对模块的线槽中;另一端同样按照T568B的四对色顺序,即蓝白、蓝、橙白、橙、绿白、绿、棕白、棕的顺序,用压线钳端接在机架上110型通信跳线架第一组下层的模块线槽中,用110型打线器将一个4色对110型通信模块压接在110型通信跳线架的下层第一组位置上。

(4) 将第三根网线一端按照T568B标准端接好RJ45水晶头,插在Cable 800线缆实训仪"网络跳线测试"功能区的第一组上部的RJ45口中,另一端剥去30mm绝缘皮并拆开,T568B的四对色顺序即蓝白、蓝、橙白、橙、绿白、绿、棕白、棕的顺序,用简易打线器端接在机架上110型通信跳线架下层第一组4色对模块的线槽内,端接时注意观察Cable 800实训仪的液晶显示屏,液晶显示屏可实时显示线序和电气连接情况,完成上述步骤就形成了有6次端接的一个永久链路。

(5) 重复以上步骤,完成4个网络永久链路和测试,其过程如图6-9所示。

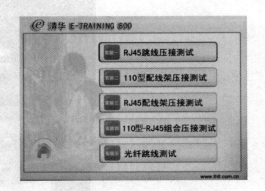

(a) 构建的复杂永久链路示意图　　　　(b) 选择"RJ45跳线压接测试"按钮

图6-9　清华易训Cable 800实训仪复杂永久链路测试

(c) 复杂永久链路配线架压接

(d) 复杂永久链路电缆的连接

(e) 复杂永久链路压接示意图

图 6-9(续)

5. 永久链路技术指标测试

把永久链路的两个 RJ45 插头插入专业的网络测试仪器，如福禄克 Fluke DTX-LT，可以测量出这个链路的各项技术指标。

6. 实训报告

(1) 设计 1 个复杂永久链路图。

(2) 总结永久链路的端接和施工技术。

(3) 总结网络链路端接种类和方法。

7. 实训说明

永久链路又称固定链路，在国际标准化组织 ISO/IEC 所制定的增强 5 类、6 类标准及 TIA/EIA 568B 中新的测试定义中，定义了永久链路测试方式，它将代替基本链路方式。永久链路方式供工程安装人员和用户测量所安装的固定链路的性能。永久链路连接方式由 90m 水平电缆和链路中相关接头（必要时增加一个可选的转接/汇接头）组成，与基本链路方式不同的是，永久链路不包括现场测试仪插接线和插头，以及两端 2m 测试电缆，电缆总长度为 90m，而基本链路包括两端的 2m 测试电缆，电缆总计长度为 94m。

6.1.7 110 型通信跳线架压接实训

1. 实训目的

(1) 熟练掌握 110 型通信跳线架模块压接方法。

(2) 熟练掌握网络配线架模块的压接方法。

(3) 掌握常用工具和使用技巧。

2. 实训设备、材料和工具

本实训需要使用简易打线器、偏口钳、剥线钳、打线器、6 根 0.5m 长双绞线。

3. 实训步骤

(1) 在清华易训 Cable 800 光缆实训仪触摸屏幕上点击"实验二　110 型配线架压接测试"按钮，并确认当前组别是"第一组"。如果不是默认第一组，请按"第一组"按钮。

(2) 选择 1 根跳线，用剥线钳将两头剥去 3~4cm 的绝缘皮。

(3) 将剥开的一头四对线缆按蓝白、蓝，橙白、橙，绿白、绿，棕白、棕顺序排列。选择 Cable 800 光缆实训仪面板上的 110 型通信配线架下面一排第一组 4 对色块模块，对应此模块 110 型配线架线槽颜色，用简易压线钳按照此顺序逐一将线缆压入线槽中并检查线序。

(4) 将此线缆另外一头四对线缆按蓝白、蓝，橙白、橙，绿白、绿，棕白、棕顺序排列。选择 Cable 800 光缆实训仪面板上的 110 型通信配线架上面一排第一组 4 对色块模块，对应 110 型配线架线槽颜色，用简易打线器按照此顺序逐一将线缆压入 110 型配线架线槽中并检查线序。

(5) 检查顺序正确后，用偏口钳将露出的多余线头减掉。

(6) 这样就完成了一组 110 型通信跳线架的压接实训。在打压过程中，同时观察液晶显示屏的实验图形实时显示，如果出现错误，及时纠正，或者对比错误，认识错误发生的原因。

(7) 在实训仪触摸屏幕上选择并确认当前组别是"第二组"，选择第二根双绞线，重复以上的实验步骤，完成六组双绞线的打压试验。注意最后一组，也就是第六组为五对色块，最后两个灰色线槽为空置，不压接线缆。

（8）观察六组液晶显示屏显示图形，总结打压经验，110 型配线架压接测试实训操作如图 6-10 所示。

(a) 选择 "110型配线架压接测试" 按钮

(b) 制作双绞线

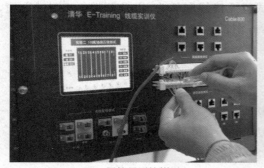
(c) 用简易压线钳压入

(d) 完成第一组110型通信跳线架端接

(e) 110型配线架压接第一组正确测试界面

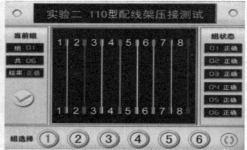
(f) 110型配线架压接六组全部正确测试界面

图 6-10　Cable 800 110 型配线架压接测试实训

4. 实训说明

110 型通信跳线架压接顺序遵照国家标准：T568B，颜色线对从左至右依次为蓝色、橙色、绿色、棕色，将拆散的双绞线 4 色线对依次按照标签颜色压入 110 型网络配线架模块线槽内。

端接的同时，液晶显示屏上即可实时显示此线缆的压接线序图示和通断情况，端接完成后会给出正确和错误的结果判断。组状态显示各组线缆压接的状态。绿色表示线序压接正确、连通，红色表示压接线序错误，灰色表示一端或者两端未压接。

实际工程中，常使用大对数线缆按照上下对应的原则成对依次将一对线缆压入 110

型配线架线槽内。110 型配线架的插槽为 50 线,共可提供 6 根双绞线 48 个插槽使用(本实训最后 2 个插槽不使用)。

6.1.8　RJ45 配线架压接实训

1. 实训设备、材料和工具

本实训需要使用压线钳、剥线钳、简易打线器、偏口钳各 1 把、6 根 0.8m 长双绞线、6 个水晶头。

2. 实训步骤

(1) 在清华易训 Cable 800 光缆实训仪触摸屏幕上选择"实验三　RJ45 配线压接测试"按钮,并确认当前组别是第一组。如果不是默认第一组,请按"第一组"按钮。

(2) 用剥线钳将一根双绞线的一头外绝缘套剥开,将其中的 4 线对打散并拆开,按照 T568B 标准(即线序颜色为橙白、橙、绿白、绿、蓝、蓝白、棕白、棕的顺序)制作标准水晶头接头。

(3) 将此水晶头插入 Cable 800 光缆实训仪面板上的"配线端接测试功能区"的上排第一组上方的 RJ45 网络端口中。

(4) 用剥线钳将这根双绞线的另外一头外绝缘套剥开,将其中的 4 线对打散并拆开,用简易打线器压入标准机架上的 RJ45 网络配线架背面的第一组插槽内,压线顺序为四色顺序(即蓝白、蓝,橙白、橙,绿白、绿,棕白、棕)。

(5) 检查顺序正确后,用偏口钳将露出的多余线头减掉。

(6) 用剥线钳将另外一根双绞线的两头外绝缘套剥开,将其中的 4 线对打散并拆开,按照 T568B 标准(即线序颜色为橙白、橙,绿白、绿,蓝、蓝白,棕白、棕的顺序)制作标准水晶头接头(即标准跳线制作方式)。

(7) 将此跳线一头插入标准机架上的 RJ45 网络配线架正面的第一个 RJ45 网络插口内,另外一头插入 Cable 800 光缆实训仪面板的"配线端接测试功能区"的下面一排六组 RJ45 网络接口的第一个 RJ45 接口中,即上下对应的一组。

(8) 以上即可形成一条回路,压接过程中,仔细观察液晶显示屏上面的第一组图形测试图形和结果显示,及时排除端接过程中出现的错接等常见故障,实训操作过程如图 6-11 所示。

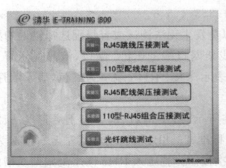 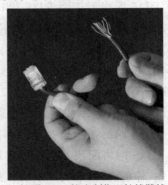

(a) 选择"实验三　RJ45配线架压接测试"　　(b) 按照T568B线序制作双绞线跳线

图 6-11　RJ45 配线架压接测试实训过程

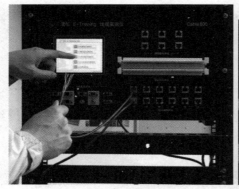
(c) 跳线连接

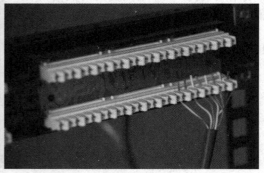
(d) 机架上 RJ45 跳线架背面第一组压接顺序

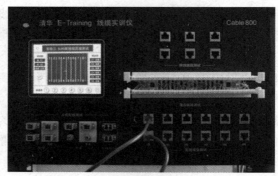
(e) 完成第一组回路测试连接

图 6-11(续)

(9) 选择"第二组"按钮,重复以上步骤,做好第二根网线的端接过程,形成第二条回路,同时仔细观察液晶显示屏上面的第二组图形测试和结果显示,及时排除端接过程中出现的错接等常见故障。

(10) 重复以上步骤,按顺序将做好的 6 根双绞线依次做好,形成链路。完成 6 条双绞线的压接测试。

3. 实训说明

(1) RJ45 配线架正面 RJ45 接口顺序从左至右依次为 1、2、3、4、5、6。RJ45 配线架反面六组模块顺序从右至左、从上到下依次为 1、2、3、4、5、6。

(2) 在实训过程中,一定要注意此顺序,以免发生无法测试或者组别选择错误的故障。

(3) 制作 RJ45 接头,接入 RJ45 网络配线架网口端的 RJ45 端口,液晶显示屏上对应的显示图像为 RJ45 端口,RJ45 端口为灰色,表示未接;RJ45 端口为红色,表示线序错误;RJ45 端口为绿色,表示线序正确接通。

(4) RJ45 网络配线架打压顺序遵照标签所示,从左至右、从下到上顺序为 1、2、3、4、5、6 组。RJ45 网络配线架打压顺序遵照国家标准 T568B,颜色线对从左至右依次为蓝色、橙色、绿色、棕色,将打散的双绞线 4 色线对依次按照标签压入 RJ45 网络配线架线槽内。

4. 实训报告

(1) 设计 1 个 RJ45 跳线架的链路回路,并测试通过。

(2) 理解和分析110型通信跳线架和RJ45跳线架的不同之处。
(3) 理解RJ45跳线架的组别顺序和压接线对的色别顺序。

6.1.9　110型跳线架与RJ45配线架组合压接实训

1. 实训目的

(1) 熟练掌握110型通信跳线架模块和RJ45配线架的压接方法。
(2) 熟练掌握网络配线架模块的压接方法和线缆压接顺序。
(3) 掌握配线架压接常用工具和使用技巧。
(4) 理解电话模块的压接过程。

2. 实训设备、材料和工具

本实训需要使用压线钳、剥线钳、简易打线器、偏口钳各1把、12根0.5m长的双绞线。

3. 实训步骤

(1) 在清华易训Cable 800光缆实训仪触摸屏幕上选择"实验四　110型-RJ45组合压接测试"按钮,并确认是第一组。如果不是默认第一组,请按"第一组"按钮。

(2) 用剥线钳将一根双绞线的两端绝缘皮剥去3cm,露出线头,将4线对打散、拆开,按照四色标准(即蓝白、蓝,橙白、橙,绿白、绿,棕白、棕)排列。

(3) 观察"通信端接测试功能区"上的110型配线架,110型配线架上面一排共六组,包括5组4色块打线块和1组5色块打线块。5组4色块打线块的最后一个灰色色块的2个线槽空置不使用。使用简易打线器将制作好的双绞线一端的4根线对分别压入110型配线架上面一排的对应色标插槽内。

(4) 将此双绞线的另外一端按照四色标准(即蓝白、蓝,橙白、橙,绿白、绿,棕白、棕)排列,仔细观察此网络跳线架的反面RJ45网络配线架上的标签颜色,用简易压线钳将线缆压入RJ45网络配线架反面的第一组对应的色标插槽内。

(5) 将另外一个双绞线按照T568B的线序制作好标准的网络跳线,一个水晶头插入此标准机架上的RJ45网络配线架正面的第一组RJ45网络接口,另一个水晶头插入Cable 800光缆实训仪面板上的"配线端接测试功能区"的上面一排六组RJ45网络接口中的第一组RJ45网络接口。

(6) 完成压接后,同时观察实训仪液晶显示屏显示的测试结果,液晶显示屏上的组选择区域对应的组别数字的颜色,绿色表示接通,红色表示错误,灰色表示未接。

(7) 重复以上工作,完成6组实训。

(8) 分析并观察结果,总结压接经验,110型跳线架与RJ45配线架组合压接实训如图6-12所示。

注意:此实训只用到"通信端接测试功能区"的110型配线架的上面一排6组48个线槽和"配线端接测试功能区"的上面一排6组RJ45网络接口,插入其他接口无效。

4. 实训说明

(1) 110型通信跳线架的插槽为50线,本仪器共可提供6根双绞线48个插槽使用(最右端的2个插槽未使用)。

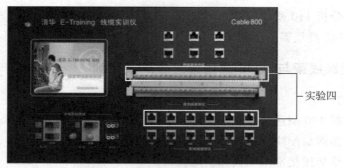

(a) "通信端接测试功能区"和"配线端接测试功能区"所用接口

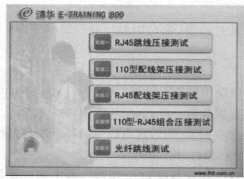

(b) 选择"实验四 110型-RJ45组合压接测试"

(c) 制作双绞线跳线线头

(d) 用简易压线钳压入对应颜色线槽

(e) 实验四 机架上RJ45网络配线架连接顺序

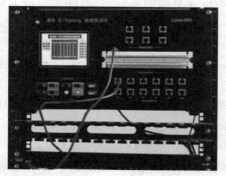

(f) 实验四 110型通信跳线架和RJ45网络配线架连接图（第一组）

(g) 第一组压接正确显示测试界面

图 6-12　110 型跳线架与 RJ45 配线架组合压接实训

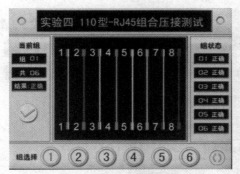

(h) 全部六组压接正确显示测试界面

图 6-12（续）

(2) RJ45 网络配线架为 48 口，共可提供 6 根双绞线 48 个插槽使用。

注意：110 型配线架的组别顺序和 RJ45 配线架的组别顺序。110 型通信跳线架的组别顺序为从左至右分别为 1、2、3、4、5、6 组，而 RJ45 网络跳线架的组别顺序分别为从右至左、从上到下分别为 1、2、3、4、5、6 组，不要混淆。

5．实训报告

(1) 设计 1 个 110 型通信跳线架到 RJ45 跳线架的链路回路，并测试通过。

(2) 理解和分析 110 型通信跳线架和 RJ45 跳线架的不同之处。

(3) 理解 RJ45 跳线架的组别顺序和压接线对的色别顺序。

(4) 有条件设计 1 个电话通信回路，使用双绞线的前 4 根线缆做电话信息传输，或者专用的四芯或者两芯电话通信线缆。

6.1.10 多模光纤跳线端接测试实训

1．实训目的

(1) 了解多模光纤的知识。

(2) 熟练掌握多模光纤跳线的各种耦合器的分类和区别。

(3) 掌握测试和接插多模光纤跳线耦合器的使用技巧。

(4) 了解光纤熔接的方法和过程。

2．实训设备、材料和工具

本实训需要使用多模光纤跳线 6 根，包括 SC-SC、SC-ST 和 LC-LC 三种类型。

3．实训步骤

(1) 在清华易训 Cable 800 光缆实训仪触摸屏幕上选择"实验五 光纤跳线测试"按钮，进入下一级界面，选择"多模光纤测试"按钮。

(2) 将准备好的 SC-SC 多模光纤跳线两头分别插入清华易训 Cable 800 光缆实训仪的"光纤端接测试"功能区的第一组耦合器中，注意力度和方向。

(3) 观察清华易训 Cable 800 光缆实训仪触摸液晶显示屏的显示界面，判断此根 SC-SC 类型的多模光纤跳线的通断情况。

(4) 重复以上工作，将 SC-ST 和 LC-LC 两种类型的多模光纤跳线分别插入对应类型的耦合器中，进行测试，并观察清华易训 Cable 800 光缆实训仪触摸液晶显示屏的显示界面，进行实验结果判断，实训操作过程如图 6-13 所示。

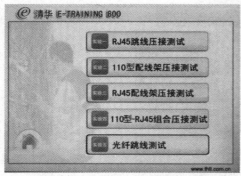
(a) 选择"实验五 光纤跳线测试"

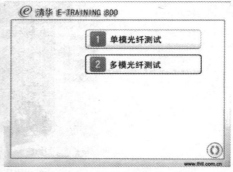
(b) 选择"多模光纤测试"按钮

(c) SC-SC多模光纤跳线正确

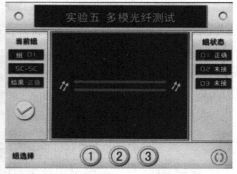
(d) 正确的SC-SC多模光纤跳线

(e) SC-SC多模光纤跳线中的一根不正确

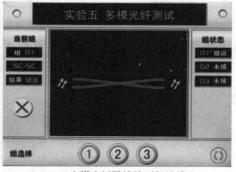
(f) SC-SC多模光纤跳线的两根线缆交叉

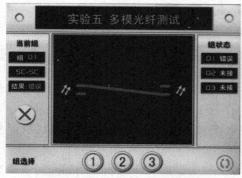
(g) SC-SC多模光纤跳线的其中一根不正确，且两头连接的耦合器不正确

(h) SC-ST多模光纤跳线正确

图 6-13　Cable 800 多模光纤跳线端接测试实训

(i) LC-LC 多模光纤跳线正确

图 6-13（续）

4. 实训报告

(1) 熔接三组光纤跳线并测试通过。
(2) 理解和分析单模光纤和多模光纤的区别和相同之处。
(3) 理解不同耦合器类型所连接设备的不同。
(4) 有条件的设计光纤通信回路，利用机架上的光纤跳线架进行光纤链路实训。

6.1.11 单模光纤跳线端接测试实训

1. 实训目的

(1) 了解单模光纤的知识。
(2) 熟练掌握单模光纤跳线的各种耦合器的分类和区别。
(3) 掌握测试和接插单模光纤跳线耦合器的使用技巧。
(4) 了解光纤熔接的方法和过程。

2. 实训设备、材料和工具

本实训需要使用单模光纤跳线 6 根，包括 SC-SC、SC-ST 和 LC-LC 三种类型。

3. 实训步骤

(1) 在清华易训 Cable 800 光缆实训仪触摸屏幕上选择"实验五 光纤跳线测试"按钮，进入下一级界面，选择"单模光纤测试"按钮。

(2) 将准备好的 SC-SC 单模光纤跳线两头分别插入清华易训 Cable 800 光缆实训仪的"光纤端接测试"功能区的第一组耦合器中，注意力度和方向。

(3) 观察清华易训 Cable 800 光缆实训仪触摸液晶显示屏的显示界面，判断此根 SC-SC 类型的单模光纤跳线的通断情况。

(4) 重复以上工作，将 SC-ST 和 LC-LC 两种类型的单模光纤跳线分别插入对应类型的耦合器中，进行测试，并观察清华易训 Cable 800 光缆实训仪触摸液晶显示屏的显示界面，进行实验结果判断，单模光纤跳线端接测试实训操作过程如图 6-14 所示。

说明：LC-LC 单模光纤跳线经常成对使用，所以本实训中使用一对两根的 LC-LC 单模光纤跳线，而非一根，注意图形显示。

4. 实训报告

(1) 熔接三组光纤跳线并测试通过。
(2) 理解和分析单模光纤和多模光纤的区别和相同之处。

(a) 选择"实验五 光纤跳线测试"
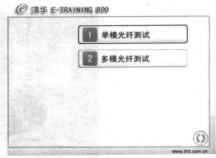
(b) 选择"单模光纤测试"按钮
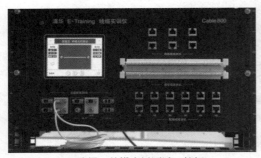
(c) 选择"单模光纤测试"按钮
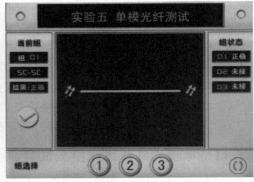
(d) SC-SC单模光纤跳线正确

(e) SC-SC单模光纤跳线正确
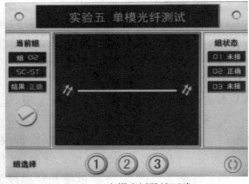
(f) SC-ST多模光纤跳线正确

(g) LC-LC单模光纤跳线正确

(h) LC-LC单模光纤跳线其中一根不正确

图 6-14　Cable 800 单模光纤跳线端接测试实训

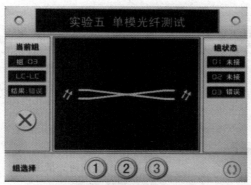

(i) LC-LC单模光纤跳线耦合器连接不正确,线缆交叉

图 6-14(续)

(3) 理解不同耦合器类型所连接设备的不同。
(4) 有条件的设计光纤通信回路,利用机架上的光纤跳线架进行光纤链路实训。

6.2 综合布线系统工程验收实训

工程验收是保障综合布线系统工程质量的一个重要环节,它全面考核整个工程的建设情况,检验整个工程的整体质量。验收不仅仅是竣工验收,它应该贯穿综合布线工程的整个过程,包括施工前检查、随工检验、初步检验、竣工验收等几个阶段。验收也不仅仅是综合布线工程的线缆系统测试验收,它还和土建工程、其他弱电系统和供电系统密切相关,紧密相连,而且也涉及其他设备、行业的接口处理,因此验收内容涉及面广泛,验收时要根据设计要求和相关行业标准与规范执行。

综合布线工程的验收要遵循国家标准 GB/T 50312—2007/2016《综合布线系统工程验收规范》的要求。

1. 实训目的

(1) 了解综合布线工程验收的阶段和各个阶段的内容,完成综合布线工程的竣工验收工作。
(2) 学会制作各种竣工技术资料和文档,解决在工程验收中遇到的各种问题,培养团队意识和协作精神。

2. 实训内容

综合布线系统工程验收的主要内容有:环境检查,器材及测试仪表工具检查,设备安装检验,缆线的敷设和保护方式检验,包括缆线的敷设、保护措施、缆线终接检验,工程电气测试和管理系统验收。工程验收检验项目及内容见表 6-2。

表 6-2 工程验收检验项目及内容

阶 段	验 收 项 目	验 收 内 容	验 收 方 式
施工前检查	1. 环境要求	① 土建施工情况:地面、墙面、门、电源插座及接地装置; ② 土建工艺:机房面积、预留孔洞; ③ 施工电源; ④ 地板铺设; ⑤ 建筑物入口设施检查	施工前检查

续表

阶　　段	验　收　项　目	验　收　内　容	验收方式
施工前检查	2. 器材检验	① 外观检查； ② 型式、规格、数量； ③ 电缆及连接器件电气特性测试； ④ 光纤及连接器件特性测试； ⑤ 测试仪表和工具的检验	施工前检查
	3. 安全、防火要求	① 消防器材； ② 危险物的堆放； ③ 预留孔洞防火措施	
设备安装	1. 电信间、设备间、设备机柜、机架	① 规格、外观； ② 安装垂直、水平度； ③ 油漆不得脱落，标志完整齐全； ④ 各种螺丝必须紧固； ⑤ 抗震加固措施； ⑥ 接地措施	随工检验
	2. 配线模块及8位模块式通用插座	① 规格、位置、质量； ② 各种螺丝必须拧紧； ③ 标志齐全； ④ 安装符合工艺要求； ⑤ 屏蔽层可靠连接	
电、光缆布放（楼内）	1. 电缆桥架及线槽布放	① 安装位置准确； ② 安装符合工艺要求； ③ 符合布放缆线工艺要求； ④ 接地	随工检验
	2. 缆线暗敷（包括暗管、线槽、地板下等方式）	① 缆线规格、路由、位置； ② 符合布放缆线工艺要求； ③ 接地	隐蔽工程签证
电、光缆布放（楼间）	1. 架空缆线	① 吊线规格、架设位置、装设规格； ② 吊线垂度； ③ 缆线规格； ④ 卡、挂间隔； ⑤ 缆线的引入符合工艺要求	随工检验
	2. 管道缆线	① 使用管孔孔位； ② 缆线规格； ③ 缆线走向； ④ 缆线防护设施的设置质量	隐蔽工程签证
	3. 埋式缆线	① 缆线规格； ② 敷设位置、深度； ③ 缆线防护设施的设置质量； ④ 回土夯实质量	
	4. 通道缆线	① 缆线规格； ② 安装位置、路由； ③ 土建设计符合工艺要求	
	5. 其他	① 通信路线与其他设施的间距； ② 进线室设施安装、施工质量	随工检验或隐蔽工程签证

续表

阶　　段	验 收 项 目	验 收 内 容	验收方式
缆线终接	1. 8位模块式通用插座	符合工艺要求	随工检验
	2. 光纤连接器件	符合工艺要求	
	3. 各类跳线	符合工艺要求	
	4. 配线模块	符合工艺要求	
系统测试	1. 工程电气性能测试	① 连接图； ② 长度； ③ 衰减； ④ 近端串音； ⑤ 近端串音功率和； ⑥ 衰减串音比； ⑦ 衰减串音比功率和； ⑧ 等电平远端串音； ⑨ 等电平远端串音功率和； ⑩ 回波损耗； ⑪ 传播时延； ⑫ 传播时延偏差； ⑬ 插入损耗； ⑭ 直流环路电阻； ⑮ 设计中特殊规定的测试内容； ⑯ 屏蔽层的导通	竣工检验
	2. 光纤特性测试	① 衰减； ② 长度	
管理系统	1. 管理系统级别	符合设计要求	
	2. 标识符与标签设置	① 专用标识符类型及组成； ② 标签设置； ③ 标签材质及色标	
	3. 记录和报告	① 记录信息； ② 报告； ③ 工程图纸	
工程总验收	1. 竣工技术文件 2. 工程验收评价	① 清点、交接技术文件 ② 考核工程质量，确认验收结果	

注：系统测试内容的验收也可在随工中进行检验。

根据实训情况，本实训以一座实际大楼（学生宿舍、教学大楼、办公大楼等）或模拟大楼工程，或者以清华易训 PDS 模拟实训系统为目标。

3．实训步骤

（1）编制竣工技术资料。本实训的竣工技术资料主要包括：安装工程工作量、工程项目的说明、工程设备、器材明细表、竣工图纸、测试记录、工程变更、检查记录及施工过程中若需要更改设计或采用相关措施、建设、设计、施工等单位之间的双方洽谈记录、随工验收记录和隐蔽工程签证。

(2) 组织竣工验收小组。本实训以清华易训 PDS 模拟实训系统为例模拟工程实际，组成施工方、建设方和监理方人员组成的竣工验收小组，认真阅读《综合布线系统工程验收规范》(GB/T 50312—2007/2016)及各种设计、施工文档，掌握工程验收的工作技术要求。

(3) 编制验收记录表单。根据综合布线系统工程设计方案、工程施工图、工程竣工图及工程合同的具体内容，编制综合布线系统工程验收情况记录表单。验收记录表单的主要内容包括：①工程主要设备、材料规格、型号、品牌、数量；②各类布线通道材料及施工工艺检查；③工程电气性能抽检(可由施工方提前测试并提供相应测试报告)；④隐蔽工程签证检查；⑤工程环境检查及系统试运行情况检查。

(4) 现场验收。现场验收的主要内容包括：①查看主机柜、配线架；②查看信息插座；③查看主干线槽；④抽测信息点；⑤填写验收记录表单并签署验收意见，形成验收结论。

(5) 竣工技术资料移交。

本 章 小 结

通过本章的学习，应掌握综合布线系统工程项目建设中的工程测试的内容与要求、工程验收的过程与要求等，加强对综合布线系统工程项目建设的内容、方法与要求的掌握与理解。

习 题

(1) 简述综合布线系统工程测试的方式与时间，以及每类测试的要点。
(2) 测试连接的种类有哪些？不同测试连接下链路长度的极限值是多少？
(3) 测试电缆时，通常选择哪几个测试参数？各自的含义是什么？
(4) 工程验收的依据和标准是什么？如何组成工程验收小组？
(5) 工程验收过程分为哪些环节？其中技术人员主要解决哪些问题？

实践作业 12：综合布线工程测试操作

本实践在综合布线实训室进行，使用清华易训实训装置完成双绞线电缆、RJ45 信息模块、110 型语音配线架及单模、多模光纤跳线测试工作。并以工作小组为单位，完成以下实践目标。

（1）完成双绞线电缆、单模光纤跳线的连通性测试。
（2）完成信道链路与固定链路模式下的双绞线链路测试。
（3）完成双绞线电缆与信息模块、配线架等设备的端接测试。
（4）完成单模、多模光纤的相关测试。
请将实践过程和小结填入下表。

实践作业 12

工作小组	
工机具要求	
工作过程	
工作小结	
工作成绩	
指导教师	成绩评定

实践作业 13：综合布线系统工程验收

本实践在综合布线实训室进行，使用清华易训实训装置完成综合布线系统工程的模拟验收工作，并以工作小组为单位，完成以下实践目标。

（1）编制综合布线系统工程竣工技术文档。
（2）组成工程验收小组。
（3）编制工程验收流程项目清单。
（4）按 GB/T 50312 标准要求进行验收工作。

请将实践过程和小结填入下表。

实践作业 13

工作小组	
工机具要求	
工作过程	
工作小结	
工作成绩	
指导教师	成绩评定

附录 A 符号与缩略词

综合布线技术常用符号与缩略词见表 A-1。

表 A-1 符号与缩略词

英文缩写	英文名称	中文名称或解释
ACR	attenuation to crosstalk ratio	衰减串音比
BD	building distributor	建筑物配线设备
CD	campus distributor	建筑群配线设备
CP	consolidation point	集合点
dB	dB	电信传输单位：分贝
d.c.	direct current	直流
EIA	Electronic Industries Association	美国电子工业协会
ELFEXT	equal level far-end crosstalk attenuation(loss)	等电平远端串音衰减
FD	floor distributor	楼层配线设备
FEXT	far-end crosstalk attenuation(loss)	远端串音衰减（损耗）
IEC	International Electrotechnical Commission	国际电工技术委员会
IEEE	The Institute of Electrical and Electronics Engineers	美国电气及电子工程师学会
IL	insertion loss	插入损耗
IP	Internet protocol	因特网协议
ISDN	integrated services digital network	综合业务数字网
ISO	International Organization for Standardization	国际标准化组织
LCL	longitudinal to differential conversion loss	纵向对差分转换损耗
OF	optical fibre	光纤
PSNEXT	power sum NEXT attenuation(loss)	近端串音功率和
PSACR	power sum ACR	ACR 功率和
PS ELFEXT	power sum ELFEXT attenuation(loss)	ELFEXT 衰减功率和
RL	return loss	回波损耗
SC	subscriber connector(optical fibre connector)	用户连接器（光纤连接器）
SFF	small form factor connector	小型连接器
TCL	transverse conversion loss	横向转换损耗
TE	terminal equipment	终端设备
TIA	Telecommunications Industry Association	美国电信工业协会
UL	Underwriters Laboratories	美国保险商实验所安全标准
VRMS	voltage root mean square	电压有效值

附录 B 综合布线工程管理系统验收内容

（1）综合布线系统工程的技术管理涉及综合布线系统的工作区、电信间、设备间、进线间、入口设施、缆线管道与传输介质、配线连接器件及接地等各方面，根据布线系统的复杂程度分为以下 4 级。

- 一级管理：针对单一电信间或设备间的系统。
- 二级管理：针对同一建筑物内多个电信间或设备间的系统。
- 三级管理：针对同一建筑群内多栋建筑物的系统，包括建筑物内部系统及外部系统。
- 四级管理：针对多个建筑群的系统。

管理系统的设计应使系统可在无须改变已有标识符和标签的情况下升级和扩充。

（2）综合布线系统应在需要管理的各个部位设置标签，分配由不同长度的编码和数字组成的标识符，以表示相关的管理信息。

① 标识符可由数字、英文字母、汉语拼音或其他字符组成，布线系统内各同类型的器件与缆线的标识符应具有同样特征（相同数量的字母和数字等）。

② 标签的选用应符合以下要求。

a. 选用粘贴型标签时，缆线应采用环套型标签，标签在缆线上至少应缠绕一圈或一圈半，配线设备和其他设施应采用扁平型标签。

b. 标签衬底应耐用，可适应各种恶劣环境；不可将民用标签应用于综合布线工程；插入型标签应设置在明显位置、固定牢固。

c. 不同颜色的配线设备之间应采用相应的跳线进行连接，色标的规定及应用场合宜符合图 B-1 所示要求。

在图 B-1 中，橙色用于分界点，连接入口设施与外部网络的配线设备；绿色用于建筑物分界点，连接入口设施与建筑群的配线设备；紫色用于与信息通信设施（PBX、计算机网络、传输等设备）连接的配线设备；白色用于连接建筑物内主干缆线的配线设备（一级主干）；灰色用于连接建筑物内主干缆线的配线设备（二级主干）；棕色用于连接建筑群主干缆线的配线设备；蓝色用于连接水平缆线的配线设备；黄色用于报警、安全等其他线路；红色为预留备用。

③ 系统中所使用的区分不同服务的色标应保持一致，对于不同性能缆线级别所连接的配线设备，可用加强颜色或适当的标记加以区分。

（3）记录信息包括所需信息和任选信息，各部位相互间接口信息应统一。

① 管线记录包括管道的标识符、类型、填充率、接地等内容。

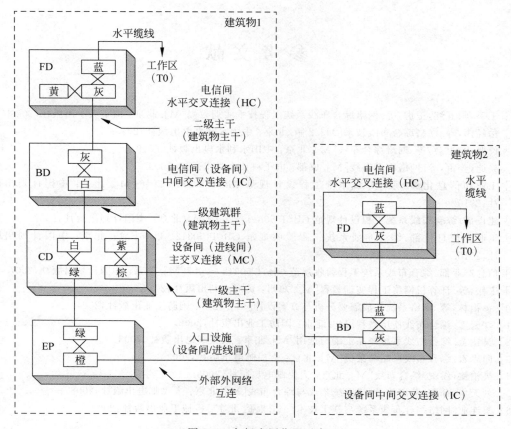

图 B-1　色标应用位置示意

② 缆线记录包括缆线标识符、缆线类型、连接状态、线对连接位置、缆线占用管道类型、缆线长度、接地等内容。

③ 连接器件及连接位置记录包括相应标识符、安装场地、连接器件类型、连接器件位置、连接方式、接地等内容。

④ 接地记录包括接地体与接地导线标识符、接地电阻值、接地导线类型、接地体安装位置、接地体与接地导线连接状态、导线长度、接地体测量日期等内容。

（4）报告可由一组记录或多组连续信息组成，以不同格式介绍记录中的信息。报告应包括相应记录、补充信息和其他信息等内容。

（5）综合布线系统工程竣工图纸应包括说明及设计系统图、反映各部分设备安装情况的施工图。竣工图纸应表示以下内容。

① 安装场地和布线管道的位置、尺寸、标识符等。

② 设备间、电信间、进线间等安装场地的平面图或剖面图及信息插座模块安装位置。

③ 缆线布放路径、弯曲半径、孔洞、连接方法及尺寸等。

参考文献

[1] 王宇,张五红,王虎,等.网络综合布线系统工程技术实训教程[M].北京:清华大学出版社,2023.
[2] 岳经伟,等.网络综合布线技术[M].2版.北京:中国水利水电出版社,2010.
[3] 何胤,游祖会,等.网络综合布线[M].北京:中国水利水电出版社,2019.
[4] 吴迪,姜雷,等.网络综合布线[M].成都:电子科技大学出版社,2009.
[5] 工业和信息化部.综合布线系统工程设计规范 GB/T 50311—2016[M].北京:中国计划出版社,2016.
[6] 建设部.综合布线系统工程设计规范 GB/T 50311—2007[M].北京:中国计划出版社,2007.
[7] 工业和信息化部.综合布线系统工程验收规范 GB/T 50312—2016[M].北京:中国计划出版社,2016.
[8] 信息产业部.综合布线系统工程验收规范 GB/T 50312—2007[M].北京:中国计划出版社,2007.
[9] 王伟,等.计算机网络工程实训教程[M].郑州:黄河水利出版社,2014.
[10] 彭祖林,等.网络系统集成需要分析与方案设计[M].北京:国防工业出版社,2004.
[11] 江云霞.综合布线使用教程[M].北京:国防工业出版社,2008.
[12] 吴达金.综合布线系统产品汇编与选用[M].北京:人民邮电出版社,2003.
[13] 向忠宏.综合布线产品与案例[M].北京:人民邮电出版社,2003.
[14] 吴柏钦,候蒙.综合布线[M].北京:人民邮电出版社,2006.
[15] 刘天华,孙阳,黄淑伟.网络系统集成与综合布线[M].北京:人民邮电出版社,2008.
[16] 黎连业.网络综合布线系统与施工技术[M].2版.北京:机械工业出版社,2003.